Thomas de Padova

Am Anfang war kein Mond

40 Science-Storys,
wie unser Sonnensystem entstand
und das Leben auf die Erde kam

Klett-Cotta

Klett-Cotta

Printed in Germany
Schutzumschlag: Finken & Bumiller, Stuttgart
unter Verwendung eines Fotos des Instituts für Planeten-
forschung (© NASA/RPIF/DLR)
Gesetzt aus der Lucida von Kösel, Kempten
Auf säure- und holzfreiem Werkdruckpapier gedruckt
und gebunden von Kösel, Kempten
ISBN 3-608-94241-6

Bibliographische Information Der Deutschen Bibliothek
Die Deutsche Bibliothek verzeichnet diese Publikation in der
Deutschen Nationalbibliographie; detaillierte bibliographische
Daten sind im Internet über <http://dnb.ddb.de> abrufbar.

Inhalt

Vorwort

Die Episoden in diesem Buch handeln vom Mond, vom Mars und den Kometen. Sie tasten sich vor bis zu den Grenzen des Sonnensystems. Aber wenn die Protagonisten von den fernen Himmelskörpern erzählen, gehen sie stets von einem Planeten aus: der Erde. Sie ist Bezugspunkt für alle Wissensdurstigen, Schwärmer und Pedanten. Die Entdeckungsreisen durch Raum und Zeit führen uns daher nicht nur zu allen möglichen Planeten, sie verdichten sich vielmehr zur Entstehungsgeschichte unseres eigenen.

Aufgang der Erde: So sahen die Astronauten der Apollo-15-Mission den blauen Planeten 1971 hinter dem Mond hervorkommen.

1. Countdown

Alle an Bord?

Rudi ist noch nicht da.

Wo steckt er denn?

Wahrscheinlich in der Werkstatt.

Sein Apparat war doch fix und fertig.

Ja, aber gestern hat er noch einmal einen brandneuen Röntgendetektor bekommen. Und für den fehlte ihm die passende Halterung. Deshalb hat er die ganze Nacht an der Miniaturfräse gesessen.

Wenn er nicht bald kommt, fliegt die Rakete ohne ihn los. *(Schaut aus dem Fenster)* Was ist denn so Besonderes an dem neuen Gerät?

Rudi hat gesagt, jetzt könne er auf den ganzen anderen Schnickschnack verzichten. Mit dem neuen Meßinstrument werde er jeden Stein auf dem Mars zum Sprechen bringen und herauskriegen, ob es dort einmal warm und feucht war.

Und das erzählen ihm die Steine!

Du redest wohl nie mit Steinen, oder?

Vor allem nicht mit außerirdischen! Ich glaube nicht, daß wir uns verstehen würden.

Was zieht dich überhaupt in den Weltraum?

Oh, ich schaue mir den blauen Erdball aus der Ferne an, ich zähle die Mondkrater – auch für den Mars mit seinem 25 000 Meter hohen Vulkan habe ich einiges übrig. Und ich liebe Kometen!

Und dann machst du ein paar Fotos und fliegst wieder zurück. Warum traust du keinem Meßgerät, sondern immer nur deinen eigenen Augen? Willst du nicht auch wissen, wie das alles entstanden ist?

Rudi hat gesagt: Trau' keinem Apparat, den du nicht

selbst gebaut hast! Und im Zusammenbasteln von Steinsprechanlagen bin ich nun einmal völlig unbegabt.

Na, immerhin scheinst du den Raketentechnikern zu trauen! *(Schaut aus dem Fenster)* Da kommt er übrigens.

(Rudi Rieder rennt die Rampe rauf und steigt durch die hintere Luke in die Rakete ein. In den Händen hält er eine kleine Plastikbox.)

Sind wir nun vollzählig?

Ja, aber Rudi hat noch eine Zigarette an. *(Schaltet die Freisprechanlage ein)* Wir bitten alle Passagiere, das Rauchen einzustellen!

Ich glaube, jetzt kann's losgehen.

Kapitel I
Irritationen

Eindringling: Ein Meteorit, ein kosmischer Gesteinsbrocken, ist in die Erdatmosphäre gelangt, in der er rasch verglüht.

2. Der Meteorit und der Malibu

USA, Peekskill, 1992: Wo kommt bloß dieser Stein her? Michelle Knapp kniet vor ihrem Auto in der Wells Street und betrachtet den dunklen Brocken, der soeben das Heck ihres roten Chevrolet Malibu zertrümmert hat. Er hat ein großes Loch in den Kofferraum gerissen. Nun steckt er unter dem Wagen im Asphalt. Sie streicht mit den Fingern über seine schwarze Oberfläche und spürt, daß er noch warm ist.

Der zwölf Kilogramm schwere Stein ist auch für die Polizei ein Rätsel:

An jenem Freitag, dem 9. Oktober, hörte die 18jährige Michelle Knapp gegen 19 Uhr 50 einen lauten Knall, so laut, daß die Fensterscheiben vibrierten. Sie hielt sich zu diesem Zeitpunkt in ihrer Wohnung auf und dachte, während sie zum Fenster lief, in der Nähe hätte sich ein Autounfall ereignet. Aber vor der Haustür war niemand zu sehen. Dann fiel ihr Blick auf den alten Chevrolet Malibu, und erschrocken sah sie, daß das Heck ihres Autos mit den hochgestellten Flossen völlig demoliert war, gerade so, als hätte jemand mit einem Vorschlaghammer darauf eingehauen. Schließlich entdeckte sie den Stein unter dem Wagen.

Der Stein ist so groß wie ein Football und pechschwarz. Die Polizeibeamten mustern ihn von allen Seiten. Aber die Untersuchung endet im dunkeln.

Neben Michelle Knapp melden sich an diesem Herbstabend allerdings noch etliche andere Bewohner von Peekskill und Umgebung bei der Polizei, darüber hinaus Menschen in New Jersey, Maryland, North Carolina und Kentucky. Sie alle erzählen von außergewöhnlichen Erscheinungen am Himmel: von einer »aquablauen Lichtshow« und einem »orangeblauen Feuerwerk«. Und bald verbreitet sich das Gerücht, irgendwo im Bundesstaat New York sei ein Meteorit eingeschlagen.

Als endlich der Geologe William Menke von der nahegelegenen Columbia-Universität den Stein inspiziert, stellt sich heraus, daß es sich dabei tatsächlich um einen Meteoriten handelt, um einen Stein, der vom Himmel gefallen ist. Bald nennen ihn alle den Peekskill-Meteoriten.

Für die Wissenschaft ist er allerdings, abgesehen von seiner außergewöhnlich flachen und gut dokumentierten Flugbahn, nur ein Meteorit unter vielen. Es ist ein gewöhnlicher »Chondrit« vom Typ H6, ein Meteorit wie jene Steine, die Geologen zwei Jahre zuvor in Hammadah al Hamra in der libyschen Wüste gefunden haben. Und er hat eine ähnliche Odyssee hinter sich wie alle H6-Chondrite:

Ein paar Millionen Jahre lang ist er auf einer Spiralbahn durch das Sonnensystem geirrt, nachdem er beim Zusammenprall zweier größerer Himmelskörper als Splitter in den interplanetaren Raum geschleudert worden war. Die weite Reise hat ihre Spuren in dem Gestein hinterlassen, die Strahlung der Sonne und die vielen im Weltall umherschwirrenden Partikel haben seine Elemente verwandelt. Daß der Meteorit schließlich den Weg zur Erde gefunden hat, kann niemanden wirklich wundern, ist er doch einer unter tausenden, die die Forscher auf den Kontinenten aufgelesen haben.

Ununterbrochen regnen Steinchen vom Himmel auf die Erde. Die kleinsten verglühen beim Eintritt in die Erdatmosphäre rasch als Sternschnuppen, größere erreichen den Erdboden. Auf jeden Quadratmeter der Erde rieselt Tag für Tag ein Staubkorn, das von irgendwoher aus dem Sonnensystem gekommen ist. Jeder von uns hat schon einmal – ohne es zu wissen – ein kosmisches Stäubchen von seiner Jacke gewischt. Felsbrocken wie der Peekskill-Meteorit fallen zwar nicht oft, aber doch hin und wieder auf die Erde.

Die Welt liegt im Nieselregen. Und Michelle Knapps Wagen ist in einen der seltenen Hagelschauer geraten. Erstaunlicherweise als einziger an jenem Oktoberabend. Kein weiteres der rund 70 am Himmel beobachteten größeren Bruchstücke des Meteoriten hat man irgendwo gefunden.

Allan Langheinrich mag solche Zufälle. Sie beleben das Geschäft. Der Meteoritensammler kauft Michelle Knapp den vom Einschlag gezeichneten Chevrolet Malibu ab und reist mit ihm und 656 Gramm des inzwischen zersägten Peekskill-Meteoriten um die Welt.

In München und Paris erfahren Schaulustige, wie der Stein mit einer Geschwindigkeit von mehr als 50000 Kilometern pro Stunde durch die Lufthülle der Erde gezischt ist und dabei so heftig zu glühen begonnen hat, daß er schließlich mit einer millimeterdicken schwarzen Kruste vom atmosphärischen Grill gefallen ist. Sie staunen über seine kosmische Herkunft und die zerstörerische Kraft, mit der er den Wagen durchschlagen hat. Und sie spüren eine Angst vor dem Unbekannten, als sie hören, daß dieser Stein nicht etwa die Ordnung des Himmels durchbrochen hat, sondern im Gegenteil die Gesetze der Natur glänzend bestätigt. Der wunderliche Treffer ist ein Beleg für eine Regelhaftigkeit, die jenseits ihrer Kenntnisse liegt.

Auch Michelle Knapp bleibt der Stein unheimlich. Der Meteorit hat eines Abends ohne jegliche Vorzeichen ihr Auto durchbrochen. Und sogleich hat sich der Vorfall in eine Geschichte verwandelt, die immer wiederkehrt. Mal ist der Stein ein fröhlicher Partyknaller, dann treibt sich das Astralwesen als Gespenst herum.

Sie betrachtet den verkohlten Meteoriten, fährt mit ihren Fingern über seine nachtfarbene Haut und verfolgt die rote Lackspur, die der Aufprall darin hinterlassen hat. Und einen Moment ist ihr, als sei der Himmel bereits aus dem Gestein entwichen.

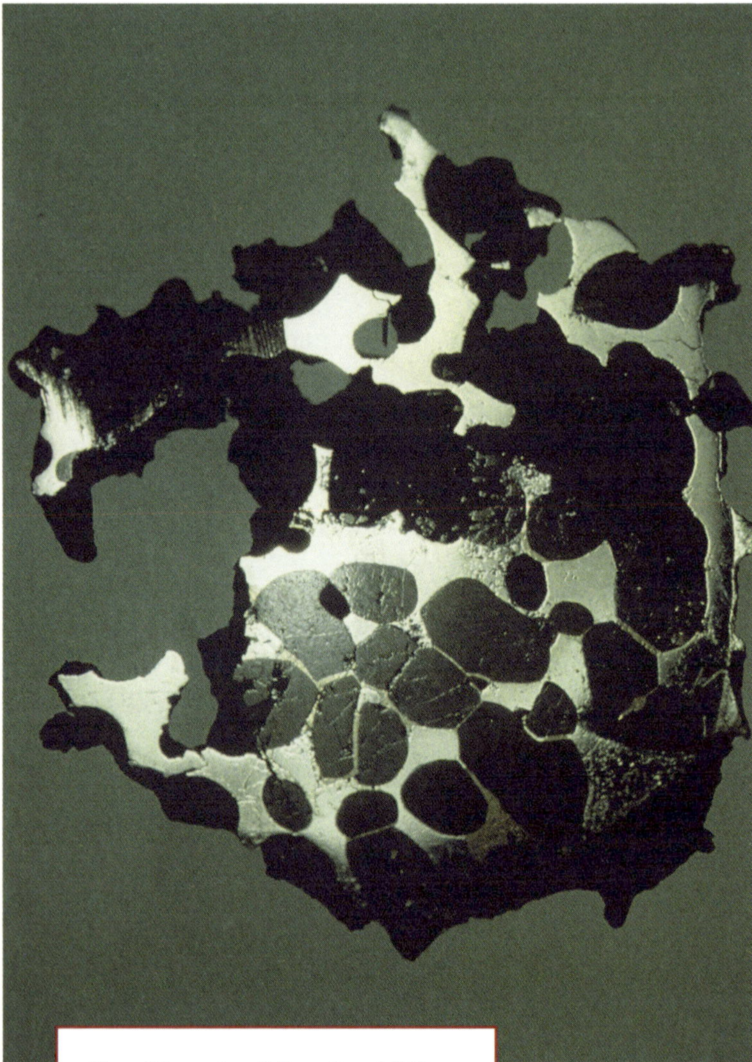

Vom Himmel gefallen: Geschliffenes Stück einer 800 Kilogramm schweren Eisenmasse, die wegen ihrer kosmischen Herkunft und dem damit verbundenen hohen Nickel-Gehalt nicht rostet.

3. Wie kein Stein auf Erden

Deutschland 1793. Brandgeruch liegt über den Steinen. Ernst Florens Friedrich Chladni sammelt die Trümmer und vergleicht sie miteinander. Er sucht in seinen Büchern akribisch nach Berichten über Feuerkugeln, liest, was argentinische, sibirische oder kroatische Bauern darüber erzählen.

In der Alten und Neuen Welt haben Menschen leuchtende Erscheinungen am Himmel gesehen und angeblich sogar Bruchstücke der Feuerkugeln gefunden: Steine aus Eisen, mit schwarzer Kruste überzogen. Chladni fügt zusammen, was diese Trümmerstücke erzählen.

Augenzeugen in Kroatien? Dem Direktor des Wiener Naturalienkabinetts, Andreas Stütz, gelten Zeugenaussagen über Feuerkugeln und das ihm vorgelegte Eisen aus Hrashina wenig. »Freylich, daß das Eisen vom Himmel gefallen sein soll, möge der der Naturgeschichte Unkundige glauben, ... aber in unseren Zeiten wäre es unverzeihlich, solche Märchen auch nur wahrscheinlich zu finden.«

Die Welt lacht mit ihm über vorgeblich vom Himmel gefallene Steine. Am Firmament herrscht doch die Unvergänglichkeit, die vollkommene Ordnung. Schaut nur den Mond, wie er mit poetischer Regelmäßigkeit leuchtet! Und gerade erst hat der große Astronom Pierre Simon de Laplace einen mathematischen Beweis für die Stabilität sämtlicher Planetenbahnen im Sonnensystem vorgelegt. Die Gestirne werden selbst noch nach Jahrmillionen wieder zu ihrem Ursprung zurückkehren. Sie haben ihre Lebenslinie zu einem Kreis geformt. Was könnte diese wunderbare Ordnung stören? Eine Feuerkugel in Kroatien etwa? Oder in Sibirien?

Chladni ist kein studierter Physiker oder Mathematiker wie Laplace oder Newton. Er ist Philosoph und Jurist. Erst spät hat er sich den Naturwissenschaften gewidmet, um nach einigen beachtlichen Erfolgen als fahrender Vortragsredner durch die Lande zu ziehen. Er rechnet nicht viel, sondern beugt sich in Göttingen, Wittenberg und anderswo über jeden Bericht, über jeden neuen Fund. Eifrig trägt er zusammen, was Naturforscher und Reisende an Geschichten und Erkenntnissen aus aller Herren Länder mitgebracht haben.

Insbesondere das Pallas-Eisen hat es ihm angetan. Ein sächsischer Bergmann fand die 800 Kilogramm schwere Eisenmasse 1749 südlich von Krasnojarsk. Sie lag oben auf einem Hügel, braun-schwarz, rostig, rauh, löchrig wie ein Schwamm, mit ockergelben Einsprengseln des Minerals Olivin. Die Tataren betrachteten sie als eine vom Himmel gefallene Reliquie.

Der Naturforscher Peter Simon Pallas machte den Fund schließlich bekannt. Und ein Metallstück des Blocks haben deutsche Mineralogen bereits untersucht: gediegenes Eisen, wie es sonst in der Natur nicht vorkommt. Das riesige Pallas-Eisen lag indessen weitab möglicher Eisenvorkommen oder eisenverarbeitender Industrie. Es konnte nicht von Menschenhand geschmiedet worden sein. Ebensowenig wie der 15 000 Kilogramm schwere Stein aus der Provinz Chaco in Argentinien, auch er mitten in der Ödnis gelegen und aus Eisen, das wegen seines hohen Nickel-Anteils nicht rostete.

Chladni findet noch andere solche Beispiele. Er sucht die Herkunft der außergewöhnlichen Steine zu ergründen. *»Die ganze Beschaffenheit der Massen verrät eine Schmelzung. Diese kann aber nicht durch gewöhnliches natürliches oder künstliches Feuer für sich gegangen sein.«* Denn kein Feuer auf Erden hätte diese Massen wohl zum Schmelzen bringen können. Und so sieht Chladni nur eine mögliche Erklärung:

Das Eisen ist kosmischen Ursprungs. Im All gibt es neben den bekannten Planeten und Monden noch unzählige kleinere Weltkörper, Steine, die in die Bahn der Erde geraten und auf sie stürzen. Sie sind zu klein und zu dunkel, als daß man sie mit Fernrohren sehen könnte. Sie machen sich erst beim Eintritt in die dichte Lufthülle bemerkbar.

Zunächst hat Chladni Bedenken, seine Abhandlung herauszugeben. *»Indessen tat ich es doch, ohne mich davor zu scheuen, daß man es anfangs lächerlich und abgeschmackt finden würde.«*

Und der Spott bleibt nicht aus. Der Göttinger Physiker und Schriftsteller Georg Friedrich Lichtenberg zum Beispiel, der Chladni Anfang 1793 mit ein paar lockeren Bemerkungen unabsichtlich auf die Fährte der Feuerkugeln gesetzt hat, sagt, ihm wäre beim Lesen der Schrift so zumute gewesen, »als wenn ihn selbst ein solcher Stein am Kopf getroffen hätte«. Über einen anderen Gelehrten berichtet Chladni: *»G. A. Deluc, Professor in Genf, hat fünf Aufsätze gegen mich geliefert, worin er die Pallas'schen Gediegen-Eisenmassen von einem Vulkan auswerfen läßt, den Niederfall eines Steins in Yorkshire für unmöglich erklärt und mich sogar unter diejenigen rechnet, die alle Weltordnung leugnen und die nicht bedenken, wie sehr sie an allem Bösen in der moralischen Welt schuld sind.«*

Trotzdem bestätigt sich Chladnis Vermutung innerhalb weniger Jahre gleich mehrfach. Der Himmel kommt ihm zu Hilfe. Bald nach der Veröffentlichung der Schrift ergießt sich ein Steinhagel über Norditalien. Und einige Jahre darauf, am 26. April 1803, fallen in L'Aigle in der Nähe von Paris mit einem Male knapp 3000 Steine unterschiedlichster Größe nieder. Ein erstaunliches Meteoriten-Feuerwerk direkt vor den Augen der französischen Akademie!

Aber an das von Chladni heraufbeschworene Durcheinander, an Meteoriten, die im Sonnensystem kreuz und quer fliegen, mögen die meisten Wissenschaftler nicht glauben. Wenn hier und da ein paar Steine vom Himmel fallen, dann stammen sie möglicherweise aus den spuckenden Vulkanen des Mondes, lautet ihre Vermutung.

Ihr Sonnensystem bleibt vorerst über jegliche wirkliche

Veränderung erhaben. Mögen auf Erden die Kriege toben – am Himmel regiert die Zeitlosigkeit.

Laplace läßt sich zwar zu einer Erörterung hinreißen, die nicht zu den Vorstellungen von einem kosmischen Uhrwerk zu passen scheint: Er spekuliert über die Entstehung des Sonnensystems aus einem solaren Urnebel – eine Vorstellung, die bis heute grundlegend geblieben ist. Doch entspringt auch dieser Gedanke nicht dem revolutionären Zeitgeist. Nur am Anfang läßt Laplace ein bißchen Rauch aufsteigen. Irgendwo müssen die Planeten ja schließlich herkommen. Sobald sich der Nebel jedoch gelichtet hat, münden die Himmelskörper in die ewige Kreisbewegung ein. Und seither drehen sie sich um die Sonne wie Zeiger eines Chronometers.

So läuft es weiter, das Uhrwerk, lautlos und ungestört. Auch Chladnis Meteoriten können diese himmlische Ruhe einstweilen nicht durchbrechen. Als man 1805 in der Nähe von Bitburg den bis dahin größten Meteoriten auf deutschem Boden findet, feuert das nicht die Wissenschaft an, sondern lediglich die ortsansässige Eisenindustrie: Der anderthalb Tonnen schwere Eisenbrocken verschwindet mir nichts, dir nichts im Hochofen.

Kapitel II
Staub

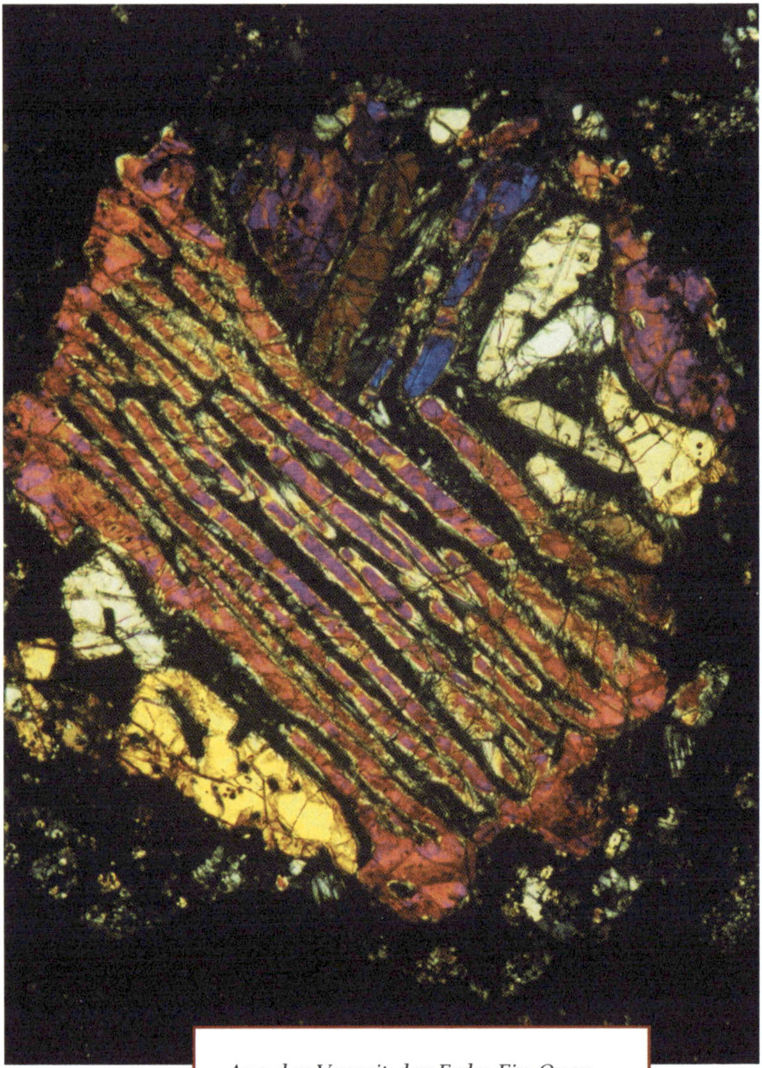

Aus der Vorzeit der Erde: Ein Querschnitt des Allende-Meteoriten, in dem Forscher Diamanten entdeckten, die noch älter sind als unser Sonnensystem – älter als 4,5 Milliarden Jahre.

4. Diamanten für die Ewigkeit

Hinter Glas liegt ein schneeweißer Stein: ein Aragonit aus der Steiermark. Das blühende Mineral hat den verzweigten Wuchs einer Koralle. Es ist ein Gestein, dessen prächtige Erscheinung die unbelebte und die belebte Welt miteinander verschmelzen läßt.

Vor dieser Vitrine im Berliner Naturkundemuseum, inmitten der farbenfrohen Mineraliensammlung aus Granat und Amethysten, aus Bernstein und Topasen, könnte ein Gang durch die Entwicklung des Lebens auf der Erde beginnen: vom steinernen Aragonit zum stacheligen Tribolit und über den Seeigel schließlich hin zum Brachiosaurus brancai, dem riesigen Dinosaurier.

Aber nicht den Aragonit hat man an den Anfang der Ausstellung plaziert. In den Holzschränken neben der Eingangstür des Museums gibt es ungleich weniger Auffälliges zu bestaunen: triste, schwarze Steine.

Mehr als 4000 Meteoritentrümmer rühmt sich das Museum zu besitzen, darunter auch jene Sammlung, die der Vater der Meteoritenkunde, Ernst Florens Friedrich Chladni, vor 200 Jahren bei seinen zahlreichen Reisen zusammengetragen hat.

Allein, ein Meteorit sieht wie der andere aus. Die Steine aus dem Weltraum führen dem Betrachter einen Kosmos ohne jeden Glanz vor Augen, eine enttäuschende Armut an Kolorit und Formen. Wenn das alles ist, was dort draußen im Universum kreist, dann lebt wohl, ihr Träume von fernen Welten!

Die meisten Museumsbesucher eilen achtlos an den Meteoriten vorüber. Wer den Findlingen jedoch ein wenig Aufmerksamkeit schenkt, vor dem werfen sie ihren schäbigen Mantel ab. Weckte der Allende-Meteorit zum Beispiel eben noch Erinnerungen an den Kopf eines in die Jahre gekommenen Vorschlaghammers, so entpuppt sich der düstere Brocken bei näherer Betrachtung als begüterter Weltraum-Vagabund.

Er traf am 8. Februar 1969 in einem einzigartigen Naturschauspiel auf der Erde ein. Im mexikanischen Bundesstaat Chihuahua ging er unter hellem Feuerwerk nieder und verteilte sein Hab und Gut in einem schauerartigen Gesteinsregen tonnenweise rund um das Pueblito de Allende. Unter diesen Reichtümern waren zahllose gut verpackte, winzige Diamantkügelchen.

Diamanten sind die härtesten und dauerhaftesten Minerale. Sie bestehen zwar, wie die Spitze eines Bleistifts, aus Kohlenstoff. Aber die Kohlenstoffatome eines Diamanten lassen sich nicht so einfach abstreifen wie die einer Bleistiftmine. Sie liegen dicht an dicht in einem netzartig verwobenen Kristall und halten fest zusammen.

Im Innern unserer Erde werden Diamanten unter hohem Druck und bei Temperaturen von 1000 Grad Celsius und mehr zusammengepreßt. Die kleinen Diamanten, die Wissenschaftler im Allende-Meteoriten entdeckten, haben eine völlig andere Entstehungsgeschichte hinter sich. Sie sind uralt und stammen aus einer Epoche, in der in unseren kosmischen Breiten noch keine Erde und kein Mond existierten, sondern nichts als Gas und Staub.

Die Himmelsregion, in der wir leben, war vor 4,5 Milliarden Jahren eine Wolke. Den Staub hatte eine alte Sternengeneration aufgewirbelt, hochbetagte und zum Teil inzwischen verblichene Sonnen, rote und blaue Riesensterne.

Solche Sterne produzieren Staub in Hülle und Fülle. Er entsteht nicht in ihrem heißen Innern, sondern in den windigen Sternatmosphären, am Übergang zwischen dem Sonnenfeuer und dem kalten Nichts des umgebenden Weltalls. Hier finden Abermilliarden Atome zusammen, wachsen zu Molekülen und schließlich zu Staubkörnchen heran.

Den Rauchfahnen der Sterne entspringen die unterschiedlichsten Staubpartikel: solche mit Eis- oder Silikatmantel oder kleine Graphitkörnchen. Auch die Diamanten des Allende-Meteoriten sind alter Sternenstaub. Zusammen mit Myriaden anderer Staubteilchen waren es die ersten festen Stoffe in unserem Sonnensystem. Sie waren die Keime, aus denen sich später die Planeten bildeten.

Ihre Härte und chemische Resistenz hat die Diamanten vor jeglicher Veränderung bewahrt. Selbst als Edward Anders in den Labors der Universität Chicago ein paar Bröckchen des Allende-Meteoriten in Salzsäure und Flußsäure auflöste und das schwarze Gestein damit fast völlig zersetzte, zeigten sich die Diamanten davon unberührt. Sie blieben als feines, weißes Pulver zurück und sahen noch immer so aus wie damals, vor der Erdzeit.

Edward Anders hätte viel dafür gegeben, die Diamanten einzeln betrachten zu können, Edelstein für Edelstein, um so einen Blick in die Vorgeschichte unseres Sonnensystems zu werfen. Doch das gelang auch ihm nicht. Die Diamanten waren so klein, daß sie seiner Pinzette ein ums andere Mal entschlüpften. »Wenn Bakterien Verlobungsringe brauchten, dann hätten diese Diamanten dafür die richtige Größe«, so Anders' Vergleich.

Beinahe 20 Jahre lang suchte Anders in dem Allende- und anderen Meteoriten nach Urstoffen aus der Zeit vor der Entstehung der Sonne und der Planeten. Hartnäckig kratzte er an der Oberfläche, bis der Stein dank einiger glücklicher Zufälle sein Geheimnis preisgab.

Plötzlich sah Edward Anders, daß sich etliche Diamanten in den Spielarten des Elements Xenon vom Rest des Allende-Meteoriten deutlich unterschieden. Die Diamanten waren offenbar erst im letzten Moment in die Staub- und Gaswolke eingedrungen, die sich zu unserer Sonne und den Planeten verdichtet hatte. Sie waren womöglich erst hinzugekommen, als der Teig schon fast fertig geknetet war.

Vermutlich sind diese späten diamantenen Eindringlinge

Relikte einer Sternexplosion, die sich vor der Entstehung der Sonne in unserer unmittelbaren Nachbarschaft ereignete. Ein mächtiger Stern zerbarst und schleuderte die Diamanten in den Weltraum hinaus. Die Explosionswelle drückte unsere kosmische Geburtsstätte kräftig zusammen. Die Staub- und Gaswolke wurde dichter und dichter und zog sich zuletzt unter ihrem eigenen Gewicht immer weiter zusammen. Wie eine dicke Regenwolke stand sie schließlich da, eine Wolke, die sich nicht in Wassertröpfchen auflöste, sondern unsere Sonne und die sie umgebenden Planeten zur Welt brachte.

Die exotischen Diamanten, die Edward Anders im Allende-Meteoriten entdeckte, gelangten erst mit dem urzeitlichen Sturm ins Sonnensystem. Die Spätankömmlinge sind winzig klein und nur unter einem Elektronenmikroskop zu erkennen.

Dem Besucher des Berliner Naturkundemuseums entgehen diese Reichtümer allzu leicht. Statt kleiner Diamanten sieht er lediglich einen verbrannten Stein vor sich, dessen dunkle Oberfläche an vielen Stellen abblättert.

Der Allende-Meteorit prunkt und brilliert nicht mit seinen Juwelen, wie es andere erlesene Steine der Mineraliensammlung tun. Er hütet seine wertvollen Altertümer aus der Vorzeit unserer Erde wie den kostbarsten Schatz. Aber hier, vor diesem schwarzen Stein, und nicht vor dem prächtigen Aragonit können wir erahnen, wie alles begann.

5. Das Weltall in der Tonne

Orion ist das wohl eindrucksvollste Sternbild, das man in unseren Breiten beobachten kann. Im Winter zeigt sich der Himmelsjäger mit den mächtigen Schultern und dem schmucken dreisternigen Gürtel am südlichen Horizont. Dort stellt er noch heute den Plejaden nach, den sieben Töchtern des Atlas.

Mit einigem Erfolg. Obwohl Orion einen Großteil seiner Nachkommenschaft im Nebel zu verbergen sucht, wissen wir, daß er gerade in jüngster Zeit viele Sterne gezeugt hat.

Die kleinsten Sternchen im Orion-Nebel flackern unruhig hinter dunklen Wolken. Sie stehen erst am Anfang ihrer Sternzeit, und wir sehen ihr soeben aufgegangenes Licht. Es ist ein fahles Licht. Denn um zu uns zu gelangen, müssen die Lichtstrahlen den Staub durchdringen, der die jungen Sterne umgibt.

Die Staubteilchen in den Hüllen der Sterne sind so fein verteilt wie Zigarettenrauch. Sie haben die unterschiedlichsten Formen und Zusammensetzungen. Auch kleine Eiskristalle sind darunter. Viel mehr ist nicht zu erkennen. Der Nebel versperrt uns die Sicht.

Der Blick zum Orion läßt jedoch erahnen, daß auch unsere Sonne einst ein fauchendes Sternchen war, umgeben von einer Menge Staub. Dieser Staub sammelte sich nach und nach auf dem Fußboden unserer späteren Wohnstube und bildete eine Scheibe um die Sonne. Niemand kam, ihn aufzukehren. Und so flogen innerhalb kürzester Zeit überall dicke Flocken und Wollmäuse um die Sonne herum.

Sie verklumpten mit den Jahrtausenden zu porösen, kleinen Steinchen, die weiterhin miteinander kollidierten und verschmolzen, die sich aufheizten und wieder verfestigten, um bei den nächsten Zusammenstößen abermals in neuen,

Wiege neuer Planeten: Im Adler-Nebel entstehen ständig neue Sterne, Sterne wie unsere Sonne, mit Planeten an ihrer Seite.

größeren Gesteinsbrocken aufzugehen – bis endlich frischgebackene Planeten, die Erde und ihre Nachbarn, am Himmel standen und in ruhigere, beständigere Bahnen um die Sonne einmündeten.

Viele dieser Etappen hat kein Astronom bisher gesehen. Wir können nur erahnen, was in unserem Sonnensystem einst vor sich ging und was sich im Orion heute abspielt. Nicht einmal mit technischen Hilfsmitteln will es uns gelingen, unseren Sinnesapparat so zu erweitern, daß wir den Schleier durchdringen können. Und so entwerfen wir kurzerhand unseren eigenen Kosmos, frei nach Kant: »Gebet mir Materie, ich will eine Welt daraus bauen! das ist, gebet mir Materie, ich will euch zeigen, wie eine Welt daraus entstehen soll.«

Die Wissenschaftler Jürgen Blum und Gerhard Wurm von der Universität Jena schufen ein künstliches Universum aus Staub und Gas. Eine Tonne von einem Meter Höhe war ihnen gerade groß genug für ein noch junges, heranwachsendes Sonnensystem. Im Jahr 1998 schickten sie die Tonne mit der amerikanischen Raumfähre Discovery hinaus in den Weltraum, so weit, bis das Schwerefeld der Erde das Geschehen in dem Behälter nicht mehr allzu stark beeinflussen konnte. Denn die einwärts gewandte Anziehungskraft der Erde und die nach außen gerichtete Fliehkraft der Raumfähre neutralisierten sich dort draußen.

Während das Spaceshuttle durch das nahe Weltall segelte, füllte sich die Tonne mit einigen Milligramm Staub. Mal gelangten winzige Glaskügelchen durch eine Düse in das Gehäuse, beim nächsten Durchgang waren es künstlich hergestellte Diamanten oder andere pulverisierte Kohlenstoffteilchen. Über Mikroskope und digitale Kameras verfolgten die Jenaer Forscher, wie sich die Staubpartikel unter Schwerelosigkeit verhielten.

Die Körnchen bewegten sich in der fliegenden Staubtonne hin und her. Sie waren so zahlreich, daß sie sich ausgesprochen schnell paarten. Und während sie sich in dem kleinen Kosmos umeinander drehten, blieben sie vorzugsweise mit den Enden aneinander haften. So entstanden, zur Verwunderung der Forscher, viele kettenförmige Flusen und Staubschlangen. Erst in den nachfolgenden Experimenten pappten diese zunächst lose miteinander verbundenen Staubfilamente immer fester zusammen.

Jürgen Blum und Gerhard Wurm hatten die Natur überführt. Sie hatten sie in eine Tonne gelockt, in der im Zeitraffer all das ablief, was ihrer Auffassung nach auch das Wachstum des Staubs im frühen Sonnensystem bestimmt hatte. Die vielen Messungen erlaubten ihnen schließlich, ihre Experimente vorerst zu beenden und das Geschehen in Formeln zu fassen.

Wie von Geisterhand gelenkt, tauchten die vielen Staubpartikel in der völlig schwerelosen Welt der Mathematik und der Computersimulation wieder auf. Der Rechner gab von nun an preis, was mit ihnen passieren würde. Er ermittelte, daß sich der anfängliche Staub in der Umgebung einer jugendlichen Sonne innerhalb von nur 10000 Jahren zu zentimetergroßen Kieseln verbinden würde.

Dann kam die überraschende Wendung: Der Computer signalisierte folgenschwere Unfälle. Da die so entstandenen Steine irgendwann mit hohem Tempo gegeneinanderschlugen, zertrümmerten sie sich unweigerlich wieder. Daher zerfielen alle heranwachsenden Himmelskörper in den Computersimulationen früher oder später wieder in kleinere Fragmente. Es ist bislang unklar, wie sich die Planetenentstehung in unserem Sonnensystem ehedem fortgesetzt haben könnte. Vielleicht hat eine klebrige Oberfläche aus organischen Substanzen das poröse Gestein schnell größer werden lassen.

Die Erkenntnislücke klafft allerdings kaum mehr als einen Kilometer weit auseinander. Hat ein Gesteinsbrocken erst einmal einen derart großen Durchmesser, dann wird er nämlich wieder zum berechenbaren Spielball der Astrophysik.

Schließlich wächst mit zunehmender Größe die Schwerkraft des Himmelskörpers. Er zieht nun Staub und Steine aus seinem Umfeld an sich. Und wenn er auf seinesgleichen prallt, schluckt der größere den kleineren Stein. Ein werdender Planet kreist letztlich um die Sonne. Was in seinem Himmelsrevier noch an Gas, Staub und Gestein übrigbleibt, das sammelt er nach und nach auf oder stößt es weg.

Die Evolution führt freilich nicht überall im Universum schnurstracks vom Staub zu Planeten. Sie ist keine gleichförmige Abfolge aus Ursachen und Wirkungen, sondern ein episodisches, nur schwer kalkulierbares Spiel. Große Himmelskörper bilden sich vermutlich nur unter günstigen Voraussetzungen. Und weite Bereiche des Orion-Nebels sind sicherlich keine ruhigen Wiegen für ein ungestörtes Planetenwachstum.

In den vergangenen Jahrmillionen sind im Orion etliche tausend neue Sterne geboren worden. Sie ähneln unserer Sonne. Viele von ihnen haben jedoch stürmische Riesensterne in ihrer unmittelbaren Nachbarschaft. Und die heizen ihren kleineren Brüdern und Schwestern kräftig ein. Insbesondere das UV-Licht der großen Sterne kann den fragilen Staub der jungen Sterne rasch zerstören und jegliche Planetenentwicklung unterbinden.

Die Kinderstube des Orion mag beachtlich sein, doch so gemütlich und lebensfreundlich wie in unserem Sonnensystem ist es im Hort des schönen Himmelsjägers nicht. Und wo auch immer im Orion-Nebel Planetensysteme entstehen oder bereits entstanden sind, sie dürften alle auf ihre Weise einzigartig sein.

Kapitel III
Krater

Die Geburt der Erde: Unser Planet und sein Mond sind gemeinsam entstanden. Sie gingen aus der Kollision zweier Himmelskörper hervor.

6. Am Anfang war kein Mond

Der Herrscher des Südmeeres war der Unachtsame, und der Herrscher des Nordmeeres war der Fahrige; der Herrscher der Mitte war der Ungeschiedene. Der Unachtsame und der Fahrige trafen sich zuweilen im Land des Ungeschiedenen. Da dieser die beiden sehr zuvorkommend behandelte, beschlossen der Unachtsame und der Fahrige, sich für des Ungeschiedenen Güte dankbar zu erweisen, und sie sagten: ›Alle Menschen haben sieben Öffnungen, um zu sehen, zu hören, zu essen und zu atmen. Dieser allein hat keine einzige. Wir wollen versuchen, sie ihm zu bohren.‹ Täglich bohrten sie eine Öffnung, und nach sieben Tagen war der Ungeschiedene tot.

Chinesische Parabel aus dem Buch Zhuangzi, 5. Jh. v. Chr.

Mit dem Tod des Ungeschiedenen endet in dieser chinesischen Parabel die graue Vorzeit. Die neuen Sinnesöffnungen reißen ihn gewaltsam aus einem Dämmerzustand. Er erhält ein Gesicht mit Augen, Ohren und Mund und erwacht in einer neuen Welt.

In chinesischen Mythen und in vielen westlichen Kulturen setzt der Anfang der Welt mit einem gesichtslosen Chaos ein. Aber auch in modernen astronomischen Theorien trat die Erde aus einem solchen Urchaos hervor. Sie wurde aus ihrem Schlaf gezerrt, als sich große Geschosse durch ihren Mantel bohrten. Und sie erwachte schließlich als neuer Planet, mit einem Mond an ihrer Seite.

Vor 4,5 Milliarden Jahren war das Reich der Mitte noch nicht aufgeteilt. Venus, Erde und Mars hatten beinahe ihre volle Größe erreicht. Sie alle waren Anwärter auf ein eigenes Himmelsrevier. Aber sie hatten sich noch nicht differenziert und rangelten noch mit einigen anderen imposanten Planetoiden um eine stabile Bahn.

Jenseits des Planeten Mars, dort, wo das Reich der Mitte endet, wäre durchaus noch Platz für einen weiteren Planeten gewesen. Der Grenzstreifen zum Imperium des übermächtigen Jupiter ist jedoch bis heute eine unsichere Gegend für Himmelskörper geblieben. Jupiter duldet außer seinen engsten Begleitern, einigen Dutzend Monden, niemanden an seiner Seite. Wer ihm zu nahe kommt oder zu gewichtig wird, den schleudert er zurück.

Jupiter wirkt somit als Schutzwall für die inneren Planeten. Seine Schwerkraft schirmt das Reich der Mitte recht gut vor Irrläufern und Querschlägern ab, die, von weit draußen her kommend, der Sonne entgegenfallen. Ohne Jupiters kräftigen Sog hätten die Erde und die anderen inneren Planeten ein sehr unruhiges Dasein gefristet.

Seinem Herrschaftsanspruch und seiner Einflußnahme ist es anderseits geschuldet, daß es vor allem in der Frühzeit des Sonnensystems immer wieder zu heftigen Zusammenstößen innerhalb des mittleren Reiches kam. Kleinplaneten, die sich zu weit in die Peripherie hinauswagten, jagte Jupiter zurück. Sie stürzten auf Mars, Erde oder Venus ein.

Eine besonders folgenschwere Karambolage stand bevor, als Theia eines Jahrtausends auf Abwege geriet, ein Planet, der bereits ebenso groß war wie der Mars. Theia nahm Kurs auf die Erde. Und hätte der Planet die Erde damals, kaum mehr als 30 Millionen Jahre nach der Entstehung des Sonnensystems, frontal getroffen, er hätte sie wohl bis hinab zum Kern zertrümmert.

Theia prallte jedoch seitlich auf die Erde. Der Einschlag erschütterte den Globus, das Gestein schmolz allenthalben auf. Theia riß einen Teil des zähflüssigen Erdmantels mit sich fort und versetzte die Erdkugel in eine rasche Rotation.

Der Anziehungskraft der Erde konnte Theia in den nun folgenden Stunden allerdings nicht mehr entrinnen. Schon nach kurzer Zeit fiel der angeschlagene Planet zurück auf die erweichte Erdkugel und bohrte sich ein zweites Mal in sie hinein. Das Magma der beiden Himmelskörper floß zusammen, ihre metallischen Kerne vereinigten sich. Sie verschmolzen miteinander, und ein neuer Planet entstand.

Nach der Kollision hatte die Erde ein völlig anderes Gesicht. Sie drehte sich so schnell um ihre Achse, daß ein Tag nunmehr nur fünf Stunden dauerte. Von viel größerer Bedeutung für unser Schicksal jedoch war, daß bald darauf der Mond erstmals über dem Horizont aufstieg.

Theias heftiger Aufprall hatte unzählige Trümmerstücke in den Weltraum katapultiert. Sie sammelten sich in einer nahen Erdumlaufbahn und wuchsen nach und nach zu einem marmorierten Mond zusammen.

Eine genauere Vorstellung von der Entstehung des Mondes vermittelte die junge amerikanische Astrophysikerin Robin M. Canup im Sommer 2001. In der bis dato aufwendigsten Computersimulation zeigte die ehemalige Solotänzerin des Boulder Balletts in Colorado ihren Forscherkollegen einen 23stündigen Tanz der Trümmer.

20000 Bruchstücke schwirrten in der dreidimensionalen Darbietung nach der Kollision des Planetoiden Theia mit der Proto-Erde durch den nahen Weltraum. Die wechselseitige Anziehung und Verschmelzung dieser vielen heißen Teilchen hatte Robin M. Canup in physikalischen Formeln erfaßt und in einen Computer-Code übersetzt. Viel siliziumreiches Material aus den äußeren Schalen der Proto-Erde und des Planeten Theia ballte sich im Weltall zusammen. Es konzentrierte sich in einem Ring um die Erde und verfestigte sich schließlich zum Mond.

Die Forscher sind sich nach jahrelangem Wettstreit verschiedener Theorien weitgehend einig darüber, daß sich die Entstehung des Mondes so abgespielt hat. Seine Geburt war keine Zwangsläufigkeit. Der Mond ist vielmehr das in unseren Augen schillerndste Nebenprodukt eines Selektionsprozesses, in dessen Verlauf die heutigen Planeten ihre Nischen im Sonnensystem fanden.

Seit Jahrmilliarden fährt er nun schon über den Nachthimmel. Ohne seinen immerwährenden ausgleichenden Charakter wäre vermutlich niemals menschliches Leben entstanden. Als ständiger Begleiter der Erde stabilisierte der Mond ihre Achse und die klimatischen Verhältnisse auf dem Globus.

In unserer kosmischen Nachbarschaft dagegen schwanken die Temperaturen ständig um viele hundert Grade. Einmal neigt sich die Drehachse der Planeten zur Sonne hin, und schon nach wenigen tausend Jahren kippt sie wieder in eine andere Richtung. Die Äquatorregionen auf einem Planeten wie Uranus fallen immer wieder von einem Extrem ins andere.

Wir verdanken dem Mond die gemäßigten Erdtemperaturen – und unseren 24-Stunden-Tag. Der Mond hat den zunächst rasch rotierenden Globus nach und nach gebremst. Denn die Anziehungskraft des Mondes staut die Flut der Weltmeere auf, und diese Gezeitenberge liegen wie Bremsklötze auf der sich unter ihnen drehenden Erde. So hat der gute Mond die Zeit für uns angehalten und den Erdentag auf ein erträgliches Maß verlängert.

7. Fußspuren im »Meer der Ruhe«

Als Neil Armstrong am 20. Juli 1969 als erster Mensch seinen Fuß auf den Mond setzte, lag die Vergangenheit unseres Trabanten noch weitgehend im dunkeln. Der Himmel über dem Nachtgestirn war rabenschwarz, und vor Armstrongs Augen breitete sich eine graue Ebene aus.

Auch diese Sand- und Gesteinswüste war Teil der Schöpfung. Ihr Anblick führte Armstrong unmißverständlich das unterschiedliche Schicksal vor Augen, das zwei benachbarte Himmelskörper wie Erde und Mond in ihrer Lebenszeit erfahren können. Und vielleicht hätte er vor seinem Sprung von der Leiter des Raumfahrzeuges »Eagle« hinab auf die Mondoberfläche – ungeachtet der laufenden Fernsehkameras – noch einen Augenblick länger gezögert, wenn er damals bereits gewußt hätte, daß Erde und Mond den gleichen Ursprung haben, daß sie die gleiche Erbmasse in sich tragen, daß der Mond zu mehr als der Hälfte aus Erde besteht.

»Der Boden ist fein wie Puder. Mit meiner Fußspitze kann ich den Boden leicht anheben. Er klebt in dünnen Schichten wie Holzkohlenstaub an der Innenseite meiner Stiefel. Meine Tritte sinken nur ungefähr einen viertel Zentimeter ein. Aber ich sehe meine Fußspuren in den feinen Sandpartikeln.«

Auf der Oberfläche des Mondes lag der Staub der Jahrmillionen. Die Fußabdrücke, die Neil Armstrong darin hinterließ, werden ebenfalls noch in zehn Millionen Jahren zu sehen sein. Kein Luftzug, der sie verwehen, kein Regen, der sie wegspülen könnte. Hier oben am Landeplatz der Mondfähre, im Mare Tranquillitatis, dem Meer der Ruhe, stand die Zeit offenbar still. Was gewesen war, das würde sein.

»Die Oberfläche ist sehr weich. Aber hier und da, wenn ich mit der Zangenschaufel in den Boden stoße, treffe ich

Abdruck für die Ewigkeit: Die Fußspur, die ein amerikanischer Astronaut 1969 im Mondboden hinterließ, wird noch in zehn Millionen Jahren zu sehen sein.

auf sehr harten Grund. Ich versuche jetzt, einen Stein hier rein zu bekommen.«

Vereinzelt lugten Steine aus dem Boden, Splitter jener Felsen, die einst unter der Wucht der aus dem Weltall eintreffenden Meteorite zerbrochen waren. Die ehemals harte Kruste des Mondes war seit Urzeiten völlig zertrümmert.

Was große Meteoriten entzweigeschlagen hatten, hatten zahllose Mikrometeoriten weiter zermahlen. Sie hatten die meisten Steine zu feinen Glaskügelchen zerrieben. Sand, Staub und Geröll bedeckten den Mond stellenweise bis zu 20 Meter hoch.

Der Mond war ein Schutthaufen. Neil Armstrong und sein Begleiter Edwin Aldrin hoben einige Trümmer auf, verschlossen sie in Beuteln und brachten sie zurück zur Erde. Jeder Stein, dem sie während ihres zweieinviertelstündigen Mondspaziergangs begegneten, war ein Relikt aus einer fernen Vergangenheit unseres Trabanten.

»Neil, habe ich dir nicht gesagt, wir würden purpurfarbene Steine sehen!«

»Hast du einen gefunden?«

»Yeah!«

Armstrong, Aldrin und die späteren Apollo-Astronauten trugen zwischen 1969 und 1972 zirka 380 Kilogramm Mondgestein zusammen. Sie lasen es an sechs unterschiedlichen Landeplätzen auf und reisten anschließend mit ihrer wertvollen Fracht heim zum blauen Planeten.

In den Jahren 1970 und 1973 setzten auch die Russen ein Fahrzeug auf dem Mond ab. Der ferngesteuerte »Lunochod« war etwas größer als eine Badewanne. Er fuhr auf acht kleinen Rädern kilometerweit durchs Wüstengelände, klappte bei Sonnenschein seinen Deckel auf und ließ seine Solarzellen intensiv bescheinen. Bordinstrumente analysierten die chemische Zusammensetzung des Mondbodens vor Ort und standen nur in der weit unter minus 100 Grad kalten, zweiwöchigen Mondnacht still.

1976 brachten die Sowjets schließlich von einem vollautomatisierten Mondflug Bodenproben aus bis zu zwei Metern Tiefe zur Erde zurück. Dank dieser Gesteine und denen der Apollo-Mission kennen wir die Frühgeschichte des Mondes heute besser als die der Erde, deren Oberfläche sich im Laufe der Zeit durch Vulkanismus, die Verschiebung der Erdplatten oder durch Verwitterung ständig verändert und erneuert hat.

Die russischen Missionen standen stets im Schatten des Apollo-Programms. Denn die Exkursionen der Astronauten zum Mond waren viel aufregendere, geradezu unglaubliche Entdeckungsreisen. Erstmals hatte der Mensch einen anderen Himmelskörper betreten. Er war zu einem Weltraumbewohner geworden, der nunmehr nicht nur Kraft seiner Apparate, sondern mit eigenen Augen aus der Ferne auf seine kleine kosmische Heimat, die Erde, hinabschaute.

Die Mondlandung hat Kinder und Erwachsene für die Raumfahrt begeistert. Wir feiern sie noch heute als Pioniertat. Trotzdem ist die technologische Bilanz des Apollo-Projekts mehr als drei Jahrzehnte nach dem letzten bemannten Mondflug ernüchternd: Menschen zum Mond zu schicken ist ein äußerster finanzieller Kraftakt, den selbst die USA nur während des Kalten Krieges für kurze Zeit zu leisten bereit waren. Seither rosten die für viele Milliarden Dollar gebauten Großraketen, die die Astronauten samt ihrer schweren, überlebenswichtigen Ausrüstung ins All brachten, vor sich hin. Mittlerweile sind sie nicht mehr flugtauglich und nur noch im Museum zu sehen.

Heute können keine Astronauten mehr zum Mond fliegen – und schon gar nicht zum viel weiter entfernten Mars. Es gibt keine Raketen mehr für solche Reisen. Und es würde etliche Jahre dauern, die extrem teure Technik dafür neu zu entwickeln.

Ungeachtet dessen haben die Astronauten den Weltraum nicht ganz verlassen. 16 Staaten bauen gemeinsam eine Raumstation im All auf. Nicht 400 000 Kilometer entfernt auf dem Mond, sondern in naher Erdumlaufbahn, in nur

400 Kilometern Abstand. Amerikanische, russische und europäische Astronauten fliegen hin und her und sind fast ausschließlich damit beschäftigt, den Vorposten im Orbit in Schuß zu halten.

Dieses neue, mit rund 100 Milliarden Euro noch kostspieligere Unternehmen gehört ebenfalls nicht zu einem nachhaltigen Forschungsprogramm. Mit der Internationalen Raumstation kann die Menschheit allenfalls einmal mehr zeigen, daß Astronauten unter größten Anstrengungen imstande sind, eine Zeitlang im nahen Weltraum zu überleben. Die Transport- und Antriebstechniken, die dabei zum Einsatz kommen, sind aber nicht geeignet, später einmal Hunderttausende oder Millionen Kilometer zurückzulegen, um den Mond und die Venus, den Mars oder die Jupitermonde zu erkunden.

Die hohe Summe ist selbst für die Technologieentwicklung und die Weltraumforschung schlecht angelegt. Man könnte damit 100 Jahre lang jährlich zwei leichtgewichtige, mit Robotern bestückte Raumsonden zu den Planeten und Monden in unserer kosmischen Nachbarschaft schicken. Das angesammelte, vernetzte Wissen würde es uns erlauben, die Entwicklung unseres Sonnensystems und die Geschichte unseres eigenen Planeten, der Erde, viel besser zu verstehen. Das Festhalten an der bemannten Raumfahrt dagegen führt einmal mehr in eine Sackgasse.

Schon Neil Armstrongs großem Schritt von der untersten Sprosse der Leiter hinunter auf den Mondboden sind nur noch wenige kleine Schritte anderer Astronauten gefolgt.

»Überhaupt keine Schwierigkeit, hier herumzulaufen … Es ist hier so ähnlich wie in den hochgelegenen Wüstengebieten der Vereinigten Staaten.«

Zwar kletterte Edwin Aldrin ein paar Minuten nach ihm aus der Luke.

»Das ist unser Zuhause für die nächsten paar Stunden.«

Doch die Stunden vergingen im Nu.

Zu mehr hat es nicht gereicht.

Rendezvous auf dem Mond: Der Apollo-17-Astronaut Harrison Schmitt untersucht einen Stein im Taurus-Littrow-Gebirge.

8. Zarte Pflänzchen

Wie ein Lakritz liegt er auf der Glasplatte, glatt und glänzend von den vielen Kinderhänden, die ihn angefaßt haben. »Ein Stein vom Mond!« schreien die Schüler. Aber kaum hat die Lehrerin ein paar ergänzende Worte über die Herkunft des schwarzen Basalt-Steinchens hinzugefügt, da löst sich der Knäuel der ausgestreckten Arme wieder auf. Die ganze Horde rennt weiter zur nächsten Attraktion im Besucherzentrum der amerikanischen Weltraumbehörde NASA in Houston. Dort verschwinden die vielen kleinen Köpfe einer nach dem anderen unter großen Astronautenhelmen.

Nur die Lehrerin schaut sich noch eine Weile allein auf dem Mond um. Sie bleibt vor einer Vitrine stehen, in der zarte Erdnußpflänzchen in dunkler Basaltkrume keimen. Die Sprößlinge sind Ableger eines Mond-Landwirtschaftsprogramms, mit dem die NASA einst eine baldige Besiedlung unseres Trabanten vorbereiten wollte.

Die grünen Halme wachsen in schwarzem, zerbröseltem Gestein, ähnlich der Bodenprobe Nummer 10084, die Neil Armstrong und Edwin Aldrin 1969 von ihrer Reise mitgebracht haben. Zusammensetzung: 42 Prozent Sauerstoff, 19 Prozent Silizium, 12 Prozent Eisen, viel Calcium, Aluminium und Magnesium.

Die mineralstoffreiche Mixtur ist vielversprechend. Dennoch haben sich die Pflänzchen bislang nicht in wirkliche Mondnüsse verwandelt. Denn der Mond ist so ungastlich und so schwer urbar zu machen wie unsere beiden Nachbarplaneten Venus oder Mars.

Sie alle haben einen ähnlichen Ursprung wie die Erde. Der Kosmos hat sie 4,5 Milliarden Jahre lang in derselben Wiege hin und her geschaukelt und genährt. Und doch ist der Mars heute klein und trocken, die Erde groß und naß und die Venus unvergleichlich heiß unter dichter, schwefliger Atmosphäre. Der nackte, ungeschützte Mond dagegen ist auf der Schattenseite eiskalt, auf der Sonnenseite brütend warm.

Heute erzählen uns Steine von der Entwicklung der Planeten, von einer Geschichte, die vor allem in den ersten Jahrmillionen durch viele gewaltsame Veränderungen bestimmt war, welche die ruhigen Phasen einer langsamen Differenzierung jäh durchbrachen. Im Raumfahrtzentrum Houston führt ein Stein mit der Nummer 60015 den Betrachter in die Urzeit des Mondes zurück. Es ist ein faustdicker, kantiger Klotz. Astronauten fanden ihn im Hochland der Descartes Mountains, südöstlich vom Zentrum der nächtlich sichtbaren Mondscheibe.

Der Stein ist ein »Anorthosit«: arm an Eisen und reich an Aluminium. Er entstand aus geschmolzenem Fels, aus Magma, das sich nur langsam verfestigte. Während der allmählichen Erstarrung des Magmas sanken die schweren Minerale nach unten, die leichten schwammen oben auf und reicherten die Oberfläche mit Aluminium an.

Die Apollo-Astronauten entdeckten ähnliche aluminiumreiche Steine noch an anderen Stellen. Die Funde deuteten darauf hin, daß einige Regionen des Mondes vor Urzeiten geschmolzen waren.

1994 brach die US-Raumsonde »Clementine« zum Mond auf. Ihre Aufnahmen von den alten Mond-Hochländern gaben zu erkennen, daß überall Anorthosit liegt. Die gesamte Mondoberfläche war offenbar ehemals flüssig.

Ein steinernes Urmeer kochte und waberte einst auf dem soeben entstandenen Mond. Der Mond war vor 4,5 Milliarden Jahren ein Felstropfen im All. Er hatte sich wohl sehr schnell aus den Trümmern gebildet, die beim Zusammenprall zweier Himmelskörper, des Planeten Theia mit der Proto-Erde, in den Weltraum katapultiert worden waren. Die Gluthitze, bei der diese Bruchstücke zur Mondkugel zusammenfanden, wurde durch ständig neu einfallende Brocken immer weiter geschürt.

Zur selben Zeit war vermutlich auch die Erde ein Meer aus Lava, das bis in viele hundert Kilometer Tiefe reichte. Venus und Mars dürfte es kaum anders ergangen sein. Wann ihr Gestein unter den wuchtigsten Meteoriten- und Kometeneinschlägen zuletzt zerrann, ist nicht bekannt. Vermutlich erreichte der kleine Mars seine endgültige Größe bereits nach 15 Millionen Jahren – doppelt so schnell wie Venus und Erde.

Meere aus Lava umflossen die jungen Planeten. In diesen steinernen Ozeanen brodelten Gase und wäßrige Minerale. Viele flüchtige Stoffe entwichen aus der Lava und den aufschießenden Vulkanen, während die Planeten nur langsam abkühlten und weiterwuchsen. Die aufsteigenden Gase hüllten die Planeten in dichte Atmosphären aus Kohlendioxid, Stickstoff und Wasserdampf.

Bald waren alle Planeten von einer dicken Luftschicht umgeben. Nur der winzige Erdmond vermochte diese Gase wegen seiner geringen Anziehungskraft nicht festzuhalten. Sie entströmten ins Weltall, und schon bald ging dem Mond die Luft aus.

Der Mond hat fortan eine andere Entwicklung genommen als die Planeten. Aber mit der Zeit schlugen auch Venus, Erde und Mars getrennte Wege ein. Vielleicht ist dies allein mit ihrer ungleichen Größe, ihrer unterschiedlichen Distanz zur Sonne und einer geringfügig anderen chemischen Zusammensetzung zu begründen. Vielleicht summierten sich die kleinen Unterschiede und Wirkungen im Laufe der Jahrmilliarden zwangsläufig zu einem jeweils völlig anderen Erscheinungsbild.

Es könnten andererseits neue katastrophale Störungen gewesen sein, weitere unberechenbare Zusammenstöße mit Meteoriten und Kometen, die die Entwicklung der Planeten maßgeblich bestimmten. Vielleicht haben auch sie jedem Planeten eine individuelle Geschichte aufgeprägt.

Warum zum Beispiel verlor der Mars den größten Teil seiner anfänglichen Lufthülle wieder? Hat er sie bei einigen gewaltigen Meteoriteneinschlägen eingebüßt, deren Druckwelle die Atmosphäre mit sich fortriß? Oder war auch der Mars lediglich zu klein, um all das Gas auf Dauer an sich binden zu können? Dann hätte wohl in erster Linie das UV-Licht der Sonne die oberen Schichten seiner Atmosphäre nach und nach zerstört.

Noch ist nicht gesagt, auf welcher Seite sich die Waagschale der Erkenntnis künftig senken wird. Unter Umständen haben beide Aspekte gleichermaßen Gewicht in der Planetenentwicklung, und wir können mit dem griechischen Philosophen Demokrit schließen: »Alles, was im Weltall existiert, ist Frucht von Zufall *und* Notwendigkeit.«

Bei Mars und Venus macht das Treibhausgas Kohlendioxid heute 95 Prozent der Lufthülle aus. Auf der Venus herrschen infolgedessen höllische Temperaturen von durchschnittlich 470 Grad Celsius. Auf dem Mars dagegen ist die Luft so dünn geworden, daß das Treibhausgas seine Wirkung nicht mehr entfalten kann. Dort regiert der ewige Frost.

Der Mond, dem der ausgleichende Einfluß einer Atmosphäre gänzlich fehlt, fällt je nach Stand der Sonne von einem Extrem ins andere. Vom Licht in den Schatten sinken die Temperaturen von über plus 100 auf weniger als minus 100 Grad.

Neil Armstrong konnte solche Temperatursprünge in seinem Raumanzug kurzzeitig verkraften, als er in den Schatten der Landefähre trat. Aber es ist schon eine arge Verwünschung, etwas oder jemanden auf den Mond schießen zu wollen. Und sei es nur eine Erdnuß.

9. Ein Spielball der Kräfte

Auf diesen Sturzflug hatte Eugene Shoemaker lange gewartet. Die ersten Versuche, den Mond zu erreichen, waren bereits in der Erdumlaufbahn gescheitert oder hatten das Nachtgestirn verfehlt. Jetzt war die Raumsonde Ranger-7 nach dreitägigem Flug nur noch 2000 Kilometer vom Ziel entfernt. Noch 20 Minuten bis zum Einschlag auf dem Mond.

Die sechs Fernsehkameras an Bord schalteten sich automatisch ein: fünf Bilder pro Sekunde, dazu Weitwinkelaufnahmen im Abstand von zweieinhalb Sekunden. Mit rasender Geschwindkeit jagte die Raumsonde auf den Mond zu. Sie hielt Kurs auf den Krater »Tycho« und erreichte 8000, schließlich 9000 Kilometer pro Stunde.

Noch schneller als die Raumsonde selbst sausten die Fernsehbilder über die Parabolantenne zurück zur Erde. In 300 Metern Höhe über dem Mond machten die Kameras die letzten Aufnahmen. Dann legte sich ein Flimmern und Rauschen über die Empfangskanäle. Ranger-7 war an den Klippen des Mare Cognitum, des »bekannten Meeres«, zerschellt.

»Wir haben Bilder!« Im Kontrollraum des Jet Propulsion-Laboratoriums in Los Angeles hüpfte die Nachricht an diesem 28. Juli 1964 von Monitor zu Monitor. Auch Eugene Shoemaker sprang in die Luft. Noch wußte er nicht, was auf den vielen tausend Fotos zu sehen sein würde. Aber die Aussicht, nach vier Jahren Vorbereitung und etlichen Fehlschlägen erstmals Nahaufnahmen der Mondoberfläche studieren zu können, beflügelte den Geologen.

Die Bilder enttäuschten Shoemakers Erwartungen nicht. Der Mond war über und über mit Kratern bedeckt. »Tychos« Haupttrichter war fast 100 Kilometer groß und schon von der Erde aus mit Teleskopen zu sehen. Aber erst

Die Rückseite des Mondes: Auch die von der Erde aus nie sichtbare Hinterseite des Mondes ist mit Kratern übersät, die Meteoriteneinschläge darin hinterlassen haben.

jetzt war zu erkennen, daß auch auf seinen Hängen und Ausläufern unzählige kleinere Krater saßen. Sie lagen dicht an dicht und hatten Durchmesser von 100 Metern, von 10 Metern oder gar nur einem Meter.

Bislang hatten etliche Forscher gedacht, die von der Erde aus sichtbaren Mondkrater seien Hinterlassenschaften von Vulkanen. Jetzt konnte Eugene Shoemaker anhand der Aufnahmen endgültig klarstellen, daß die Krater nichts mit den Vulkanschloten auf der Erde gemein hatten. Es waren vielmehr richtige Dellen in der Mondoberfläche.

Sie waren durch aus dem Weltraum herabschießende Meteoriten und Kometen entstanden, wobei Trümmer und Steine über den Tellerrand geworfen wurden. Jüngere Meteoriten waren dabei offensichtlich in bereits vorhandene Trichter gestürzt. Zum Beispiel lag der Kopernikus-Krater auf den Relikten eines sehr viel älteren Einschlags, des Imbrium-Beckens. Noch ältere Krater waren mitunter kaum noch als solche zu erkennen.

Shoemaker hatte bereits einige Jahre zuvor ausgearbeitet, was man aus der Verteilung von Einschlagskratern auf einem Himmelskörper ablesen konnte: Je mehr Krater in einem Gebiet zu finden waren, desto älter war die entsprechende Oberfläche, desto länger war sie bereits dem ständigen Meteoriten-Bombardement aus dem Weltall ausgesetzt. Jetzt machte er sich daran, anhand der Krater eine Chronologie des Mondes zu schreiben.

Als Apollo-Astronauten einige Jahre später Bodenproben vom Mond zurückbrachten, konnte man seine Geschichte noch zuverlässiger in Epochen einteilen. Es zeigte sich, daß unser Trabant vor allem in den ersten 700 Millionen Jahren seiner Geschichte von ungeheuer heftigen Meteoriteneinschlägen gezeichnet wurde. Vor vier Milliarden Jahren stürzten noch rund 500mal so viele Meteoriten auf den Mond wie heute. Nachdem dann vor etwa 3,8 Milliarden Jahren das mehr als 1000 Kilometer große Imbrium-Becken entstanden war, beruhigte sich die Lage ein wenig.

Die Bilder der Ranger-Sonde waren beeindruckend. Noch nie hatte sich mit einer solchen Deutlichkeit offenbart, daß die Himmelskörper und Planeten immer wieder von Katastrophen erschüttert werden. Und Shoemaker war sich der Konsequenzen durchaus bewußt, die dieses neue Bild des Mondes haben würde: Unserer Erde konnte es im Hagel der kosmischen Gesteine kaum besser ergangen sein als ihrem Begleiter. Denn die Erde war eine noch viel größere Zielscheibe als der Mond.

Es gab auf unserem Planeten allerdings kaum bekannte Narben solcher Ereignisse. Im Gegensatz zum Mond hatte die Erde sämtliche Spuren weit zurückliegender Einschläge verwischt. Wind und Wetter, Vulkanismus und die Verschiebung der Erdplatten hatten im Laufe der Jahrmillionen die Krater dem Boden gleichgemacht.

Der Meteor-Krater in Arizona, eine 1,2 Kilometer große Delle mitten in der Wüstenlandschaft, war jedoch eine imposante Bestätigung für Shoemakers Schlußfolgerungen. Er selbst hatte den Krater in den vergangenen Jahren eingehend studiert.

Am Boden des 200 Meter tiefen Lochs lagen glasartige Körnchen. Shoemaker konnte nachweisen, daß sie seinerzeit bei Temperaturen von etwa 1500 Grad Celsius geschmolzen waren. Keine Lava der Erde erreicht eine solche Hitze.

Des weiteren fanden Shoemaker und Edward Chao aus Washington Quarzminerale im Gestein des Meteor-Kraters, die sich nur unter extrem hohem Druck gebildet haben konnten. Für Shoemaker stand fest, daß der Meteor-Krater unter der Vehemenz eines vom Himmel gefallenen Gesteinsbrockens entstanden war. Der Einschlag hatte sich vor etwa 50000 Jahren ereignet.

Trotzdem bezweifelten die meisten Geologen Shoemakers Ansichten über die Bedeutung derartiger Einschläge für die Entwicklung eines Himmelskörpers. Und so machte sich Shoemaker zusammen mit anderen Forschern auf die Suche nach weiteren Kratern auf der Erde. Mit Hilfe von Satellitenaufnahmen entdeckten sie mit den Jahren immer neue Dellen in unserem Planeten.

Inzwischen sind rund 150 Meteoritenkrater auf unserem Globus bekannt. Vredefort in Südafrika ist ein zwei Milliarden Jahre alter Krater. An seinen Wänden hat die Zeit ebenso genagt wie an dem 150 Millionen Jahre jüngeren Becken im kanadischen Sudbury.

Den 65 Millionen Jahre alten Chicxulub-Krater vor der mexikanischen Halbinsel Yucatán haben die über ihm liegenden Sedimentschichten geschützt wie eine Mumie. Der Kessel hat einen Durchmesser von 200 Kilometern. Die Wucht des Aufschlags deformierte die Erdoberfläche bis hinunter zum 34 Kilometer tiefen Übergang zwischen Erdkruste und Erdmantel.

Der Meteorit oder Komet, der hier vor 65 Millionen Jahren auf die Erde krachte, vernichtete vermutlich mehr als die Hälfte aller auf der Erde lebenden Spezies. Mit einem Schlag verschwanden sämtliche Ammoniten und sämtliche Dinosaurier. Die winzigen Meeresbewohner und die mitunter massigen Landtiere hatten die Erde lange Zeit bevölkert, die Dinosaurier über 100 Millionen Jahre, die Ammoniten noch länger. Sie wären vielleicht noch heute weit verbreitet, hätte ein einzelner Stein sie nicht ausgelöscht, hätten die aufgeworfenen Trümmer den Himmel nicht für sechs bis zwölf Monate verdunkelt, die Wälder der Erde in Brand gesetzt und das Klima durcheinandergebracht.

Es spricht viel für diese These. Nicht nur, daß sich das Alter des Kraters mit dem Zeitpunkt des einstigen Massensterbens deckt. Staub und Trümmer des Einschlags regneten auf den gesamten Globus hinab. Und überall dort, wo die entsprechenden 65 Millionen Jahre alten Erdschichten zugänglich waren, fanden Wissenschaftler kosmische Fingerabdrücke. Die schwarzen, tonigen Bänder enthalten unter anderem Iridium, einen Stoff, der in der Erdkruste sehr selten, in Meteoriten dagegen in ungleich höheren Konzentrationen vorhanden ist.

Viele Anzeichen sprechen für ein globales Inferno, eine Zäsur, wie sie die Erde schon oft erlebt hatte. Aber nach zahllosen rabenschwarzen Nächten begann auch diesmal eine neue Blüte des Lebens: der Aufstieg der Säugetiere.

Die Entdeckung der vielen Einschlagskrater auf der Erde hat die Vorstellungen von der Geschichte unseres Planeten und des Lebens stark verändert. Die Phasen langsamer Veränderungen wurden in der Vergangenheit immer wieder von kosmischen Katastrophen durchbrochen. Meteoriten und Kometen drückten der Erde ihren Stempel auf. Sie löschten viele Spezies aus, ebneten der Verbreitung neuer Arten den Weg und beeinflussen die gesamte Evolution bis heute in unberechenbarer Weise.

Eugene Shoemaker erkannte dies als einer der ersten. Auch das Nördlinger Ries auf der Schwäbischen Alb und das benachbarte Steinheimer Becken belegen seine Theorie. Sie entstanden, als vor rund 15 Millionen Jahren ein Asteroiden-Pärchen auf Süddeutschland heruntersauste: Der größere Brocken hatte einen Durchmesser von etwa 1500 Metern, der kleinere von 200 Metern. Das beim Einschlag ausgeworfene Gestein bedeckte die Landschaft damals ringsum mehr als 20 Meter hoch. Zurückgeblieben sind ein 26 Kilometer weiter Krater bei Nördlingen und das 3,4 Kilometer große Steinheimer Becken.

Nach der erfolgreichen Deutung der Einschlagskrater auf Mond und Erde setzte Eugene Shoemaker alles daran, die Herkunft der kosmischen Donnerkeile zu ergründen. Er wandte sich der Astronomie zu und machte sich auf die Suche nach Asteroiden. Fortan verfolgte er die Bahnen jener Gesteinsbrocken, die die Wege der Erde kreuzen.

Eugene Shoemaker starb am 18. Juli 1997 bei einem Verkehrsunfall in Australien. Zwei Jahre nach seinem Tod stürzte die amerikanische Raumsonde »Lunar Prospector« im Kamikazeflug in einen Krater am Südpol des Mondes. Mit an Bord war eine Urne mit der Asche des Geologen.

Kapitel IV
Steine

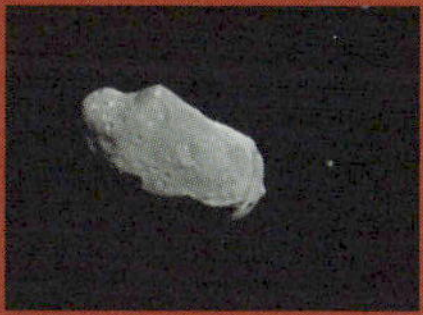

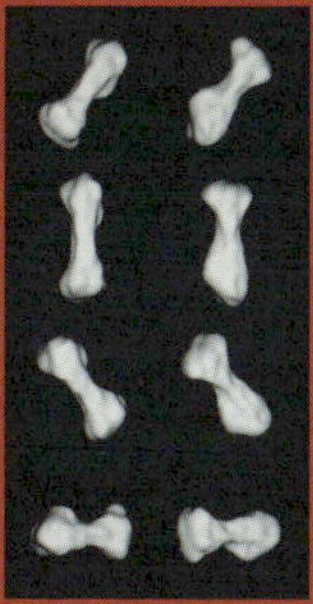

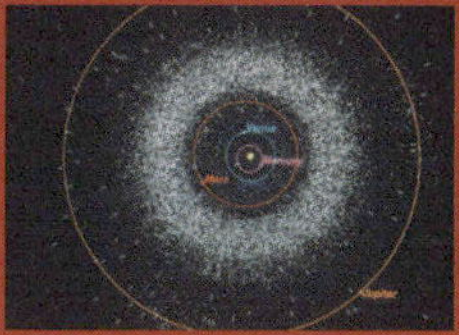

Wie gemalt:
Die Ringe des Saturn, aufgenommen von der amerikanischen Raumsonde Voyager-2 im Jahr 1981.

10. Glockenkurven

Am 1. Januar des Jahres 1801 suchte Giuseppe Piazzi das Firmament wieder einmal nach Gestirnen ab, um ihre Positionen neu zu vermessen. Der italienische Astronom hatte schon einige Jahre damit verbracht, ein Verzeichnis von mehr als 6000 Sternen auf einen besseren Stand zu bringen. Aber der Himmelskatalog war immer noch fehlerhaft.

An diesem Abend nun entdeckte Piazzi im Sternbild Stier einen Lichtpunkt, der überhaupt nicht im Katalog registriert war. Der helle Fleck blieb außerdem nicht an Ort und Stelle. Als Piazzi in der folgenden Nacht durchs Fernrohr schaute, war der Wandelstern bereits ein Stückchen weitergewandert. Bis zum 11. Februar 1801 verfolgte Piazzi seine Spur. Dann verschlechterte sich das Wetter, und Piazzi selbst erkrankte.

Der wandelnde Himmelskörper verschwand unterdessen hinter der Sonne, und es war fraglich, ob Piazzi ihn jemals wiederfinden würde, hatte der Astronom doch erst ein kleines Stück seiner Bahn aufgezeichnet.

Gleichwohl ging im Sommer das Gerücht um, der Direktor des Observatoriums von Palermo, Giuseppe Piazzi, habe einen neuen Planeten entdeckt. Der junge Mathematiker Carl Friedrich Gauß las davon in der »Monatlichen Correspondenz«, die im Septemberheft sogar Piazzis Beobachtungsdaten abgedruckt hatte.

Gauß erkannte sofort die Gunst des Augenblickes. Seine Ideen zur Bewegung der Himmelskörper konnten nun dazu beitragen, den verlorengegangenen Planeten ausfindig zu machen und dessen weitere Bahn zuverlässig vorherzusagen.

»Nirgends findet man sicher in den Annalen der Astronomie eine so wichtige Gelegenheit, und sie hätte kaum wich-

tiger ausgedacht werden können, um die hohe Bedeutung des fraglichen Problems auf das deutlichste zu zeigen, als bei einer so großen Probe und der drängenden Nothwendigkeit, wo alle Hoffnung, ein planetarisches Atom nach Verlauf ungefähr eines Jahres unter den unzähligen kleinen Sternen des Himmels wieder zu finden, einzig und allein von der Erkenntnis einer hinreichend genäherten Bahn abhing, die lediglich auf jene sehr wenige Beobachtungen gestützt werden mußte.«

Gauß nahm sich des Planeten an. Der 24jährige hatte sämtliche bedeutenden Werke der Mathematik studiert und sich in seiner Dissertation nicht gescheut, alle großen Mathematiker, ob sie nun Descartes oder Euler, Lagrange oder Laplace hießen, zu kritisieren. Sie hatten die Mathematik zwar mit einer Fülle neuer Resultate vorangebracht, mit Differential- und Integralrechnungen, mit Zahlen- und Wahrscheinlichkeitstheorien, aber bei näherer Betrachtung ihrer Argumentationen war Gauß überall auf Lücken und Widersprüche gestoßen.

Der neuen Mathematik mangelte es an Genauigkeit. Ihre Begriffe waren schwammig und die Gültigkeit ihrer Ergebnisse nur in wenigen Fällen von langer Dauer. Was plausibel schien, nahm sie bereits für bare Münze.

Mit solchen Methoden war ein unscheinbarer, verschollener Planet sicherlich nicht wieder einzufangen. Für Gauß jedenfalls zählte die Berechnung der Planetenbahn zu jenen Problemen, die bis dahin noch kein Mathematiker und kein Astronom mit der nötigen *»Strenge und Würde«* behandelt hatte.

Er selbst ließ es an Gründlichkeit nicht fehlen. Bei seinen Kalkulationen berücksichtigte er insbesondere, daß Piazzi bei der Beobachtung des mutmaßlichen Planeten hier und da kleine Meßfehler unterlaufen sein mußten. Gauß hatte schon in seiner Studienzeit darüber nachgedacht, wie sich solche Meßfehler möglichst gut mit einem mathematischen Verfahren ausgleichen lassen. Nun wandte er die Methode, die später in neuem Gewand als Fehlerverteilungsgesetz oder »Gaußsche Glockenkurve« bekannt werden sollte, auf die astronomischen Rechnungen an. Sie half ihm, aus den möglichen Bahnen des Planeten die wahrscheinlichste herauszufiltern. *»Wir haben sehr viele neue, für die theoretische Astronomie äußerst nützliche Formeln herausgefunden«*, vermerkte er bereits im Oktober 1801 in seinem Tagebuch.

Der Planet folgte tatsächlich der vorberechneten Bahn. In der Silvesternacht zum Jahr 1802 fanden Astronomen den Flüchtling genau an der Stelle am Firmament wieder, die Gauß – und nur er – zuvor berechnet hatte. Alle anderen Vorhersagen lagen weitab von der tatsächlichen Bahn des neuen Himmelskörpers.

Der Planet bekam den Namen Ceres. Er lief in einer Ellipse um die Sonne und nachtwandelte zwischen Mars und Jupiter. Dort klaffte eine große Lücke im Planetensystem, in der Astronomen schon lange einen weiteren Planeten vermutet hatten.

»Gleich nach der Wiederauffindung von Ceres wünschten mehre Astronomen, daß ich die bei jenen Rechnungen angewandten Methoden öffentlich bekannt machen möge. Mehre Hindernisse standen aber entgegen, als daß ich schon damals diesen freundschaftlichen Aufforderungen hätte willfahren können: andere Geschäfte, der Wunsch, die Sache noch etwas ausführlicher durchzuarbeiten und vorzüglich die Erwartung, daß sich bei fortgesetzter Beschäftigung mit dieser Untersuchung verschiedene Theile der Auflösung zur Höhe größerer Allgemeinheit, Einfachheit und Eleganz würden erheben lassen. Da mich diese Hoffnung nicht getäuscht hat, so glaube ich nicht, daß ich diesen Verzug zu bereuen habe.«

Gauß ließ sich viel Zeit mit der schriftlichen Ausarbeitung seiner Theorie. Aber kaum drei Monate nach Ceres' Rückkehr entdeckte der Astronom Wilhelm Olbers einen zweiten Planeten zwischen Mars und Jupiter. Dieser erhielt den Namen Pallas. Olbers wandte sich gleich an Gauß, der Pallas' Bahn jetzt in kaum mehr als einer Stunde errechnen konnte.

Der zweite Planet warf jedoch einen dunklen Schatten auf den ersten. Die beiden waren nicht allzuweit voneinander entfernt. Im April nahm Sir William Herschel in England Ceres und Pallas ins Visier, um ihre Größe zu schätzen. Er stellte mit Hilfe seines Teleskops und eines trickreichen Zusatzinstruments fest, daß Ceres und Pallas viel kleiner waren als alle anderen bisher bekannten Planeten. Sie maßen nur ein paar hundert Kilometer.

Herschel wollte diese Felsbrocken nicht zu den Planeten rechnen. Sie gehörten einer neuen, bis dahin unerkannt gebliebenen Spezies an, die Herschel »Asteroiden« nannte.

Gauß erörterte noch im selben Jahr mit Wilhelm Olbers die Frage, ob die Asteroiden Überreste eines fehlenden, siebten Planeten sein könnten. Möglicherweise hatte es diesen Planeten einst gegeben, und er war irgendwann durch einen auftreffenden Kometen zertrümmert worden.

»Was für einen panischen Schrecken, welchen Kampf der Frömmigkeit und des Unglaubens, Vertheidigung und Anfechtung der Providenz werden wir nicht entstehen sehen, wenn die Möglichkeit, daß ein Planet zertrümmert werden kann, durch ein Faktum bewiesen ist! Was werden diejenigen sagen, die ihr Lehrgebäude so gern auf die unerschütterliche Festigkeit des Planetensystems gründen, wenn sie sehen, daß sie auf Sand gebaut haben und daß alles dem blinden und zufälligen Spiel der Naturkräfte übergeben ist!

Ich für meinen Theil denke, daß man sich aller solcher Konsequenzen zu enthalten habe. Es scheint mir fast eine frevelhafte Vermessenheit, das, was wir bei unseren beschränkten Kräften in unserem Raupenstande in der uns umgebenden materiellen Welt an Vollkommenheit und Unvollkommenheit wahrnehmen oder wahrzunehmen glauben, zum Maßstabe der ewigen Weisheit machen zu wollen.«

Was nicht streng bewiesen war, das ließ Gauß nicht gelten. Eine präzise Sprache, gründliche Methoden und zuverlässige Ergebnisse gingen ihm vor Spekulationen. Und dies um so mehr, als die Mathematik und die Naturwissenschaften in den folgenden Jahrzehnten aus den vormals elitären Zirkeln heraustraten: Es gab nun zahlreiche neue Lehrstühle an den Universitäten und allerhand Fachzeitschriften.

Gauß drängte, wie viele andere nach ihm, auf eine Formalisierung der Wissenschaften: *»Es ist der Character der Mathematik der neueren Zeit, daß durch unsere Zeichensprache und Namengebungen wir einen Hebel besitzen, wodurch die verwickeltsten Argumentationen auf einen gewissen Mechanismus reduciert werden.«* Der strenge Beweis mit seinen sprachlichen Vorgaben und argumentativen Regeln sollte den Rahmen bilden, in die der Forscher seine anfangs womöglich vagen Ideen Stück für Stück genau einzupassen hatte.

Diese standardisierte Kommunikation begünstigte den raschen wissenschaftlichen Fortschritt. Sie schweißte die Gemeinschaft der Forscher zusammen und machte es möglich, Lücken und Widersprüche künftig noch schneller zu schließen oder auszuräumen. Der Preis allerdings war, daß die sprachlichen Barrieren zwischen Wissenschaftlern und Laien immer höher werden sollten.

Begleiterscheinung:
Der Asteroid Ida ist kein einsamer Fels im Kosmos. Er hat einen winzigen Mond, Dactyl, der so klein ist, daß nur ein Dorf darauf Platz hätte.

11. Ganz Auge

Johann Palisa hatte seinen Nachtassistenten bereits nach Hause geschickt. Nun schwenkte er das schlanke, aber schwere und unhandliche Linsenfernrohr mit einiger Mühe alleine nach Südwesten. Er erfreute sich einer außergewöhnlich klaren Herbstnacht. Die Wolken, die ihm zuletzt immer wieder die Sicht versperrten, hatten sich verzogen; auch die Mondsichel war verschwunden. Lunas Abglanz konnte den Blick in die Weiten des Alls nicht mehr beeinträchtigen.

Palisa hielt noch einmal Ausschau nach dem Asteroiden Albert, den er vor 18 Tagen entdeckt und seither nur noch ein einziges Mal durch eine Lücke in den Wolken erspäht hatte – zu wenig, um die weitere Bahn des kleinen Planeten herauszubekommen. Das Funkeln der Sterne belebte die Dunkelheit. Und irgendwo zwischen ihnen mußte auch der kleine Planet sein. Doch Palisa konnte ihn nicht wiederfinden. Albert war verschwunden.

Aber was war das? Plötzlich bemerkte er einen hellen Punkt, der sich langsam von Stern zu Stern bewegte. Palisa schaute in die Himmelskarten. Auch dieser Wanderer war ein bislang Unbekannter, und Palisa vermutete gleich, daß es ein Asteroid war. Wenn das stimmte, dann handelte es sich bereits um den dritten Kleinplaneten, der in dieser Nacht des 21. Oktober 1911 an der Linse seines Fernrohrs vorbeigezogen war.

Der Vizedirektor der Universitäts-Sternwarte in Wien durfte sich glücklich schätzen. In manchen zurückliegenden Jahren hatte Palisa keinen einzigen Asteroiden entdeckt. Und jetzt gleich drei in einer einzigen Sitzung! Seine Augen hatten ihn nicht im Stich gelassen. Sie konnten es noch einmal mit den fotografischen Apparaten aufnehmen, die Max Wolf seit etlichen Jahren in Heidelberg benutzte.

Vor zwanzig Jahren, dachte Palisa, wäre er für diesen Coup gefeiert worden. Drei neue Himmelskörper an der Seite von Ceres, Pallas und den anderen Kleinplaneten!

Und jetzt? Heute, das wußte er, würde das Licht der von der Sonne angestrahlten Asteroiden nur kurz aufflackern. Seit sich die Astronomie mit der Fotografie verbündet hatte, galten drei Kleinplaneten nicht mehr sonderlich viel. Es waren bereits die Asteroiden Nummer 723, 724 und 725. Zwischen den Planeten schwirrten vermutlich noch Tausende derartige Himmelskörper umher.

Max Wolf hatte in den zurückliegenden Jahrzehnten einen Asteroiden nach dem anderen aufgespürt. In seiner Privatsternwarte in der Heidelberger Märzgasse, einem zwölf Meter hohen Turm mit Drehkuppel, hatte Wolf neben einem Linsenfernrohr erstmals zwei Kameras zur Beobachtung eingesetzt, die Palisas Augen weit überlegen waren.

Die Netzhaut des Auges macht nur Momentaufnahmen. Mit fotografischen Mitteln konnte Wolf den matten Widerschein der Asteroiden dagegen über längere Zeit hinweg sammeln. Nach und nach schwärzte das Licht die fotografischen Platten, und die Aufnahmen ließen sich dann in Ruhe bei Tage studieren.

Wolf stand in regem Kontakt mit der optischen Industrie, entwarf Pläne für Fernrohre und geeignete Emulsionen für die fotografischen Platten. Er war nach Amerika gereist, um die Ausrüstung großer Sternwarten kennenzulernen, und hatte dort eine Gönnerin gefunden, die ihm Mittel für ein großes Doppelfernrohr mit 40 Zentimetern Objektivöffnung zugesagt hatte. Seit 1909 war Wolf alleiniger Direktor eines neuen Observatoriums auf dem Gipfel des Königstuhls bei Heidelberg.

Johann Palisa kontrollierte Wolfs Messungen mitunter und half ihm, die Positionen der neuen Himmelskörper genauer zu bestimmen. Auch er kannte die Vorzüge der Kamera. Doch als die Wiener Sternwarte 1907 ebenfalls ein fotografisches Teleskop erhielt, überließ Palisa das neue Gerät seinem Schwiegersohn.

Er selbst vertraute weiter auf seine Augen, wohl wissend, daß er einer der letzten sein würde, die einzig und allein mit einem Fernrohr nach den Kleinplaneten forschten. In nächtlicher Kleinarbeit zeichnete er über die Jahre hinweg 121 neue Asteroiden in die Himmelskarten ein, etwa halb so viele wie Max Wolf.

Und dieses eine Mal waren es drei in einer Nacht! Wie er die Asteroiden nennen wollte, wußte Palisa noch nicht. Vielleicht würde er das Recht der Namenwahl an einen der Förderer der Astronomie abtreten. Damit war er bisher gut gefahren. Moritz von Kuffner, der in Wien eine private Sternwarte gebaut hatte und Mitglied der Astronomischen Gesellschaft war, durfte damals sogar zwei Kleinplaneten taufen, die Palisa entdeckt hatte: Kriemhild und Ida.

Den Kleinplaneten Ida hatte Palisa im September 1884 mit seinem Fernrohr als winziges Pünktchen umherschweifen sehen. Der Asteroid hatte seine Kreise in mehreren hundert Millionen Kilometern Entfernung von der Erde gezogen. Unvorstellbar, jemals ein genaues Bild des Asteroiden zu erhalten!

Aber keine 70 Jahre nach Palisas Tod im Jahr 1925 stieg eine Weltraumsonde zum Himmel auf und flog auf ihrem langen Weg zum Planeten Jupiter im August 1993 ganz nah an Ida vorbei. Aus einer Distanz von nur zweieinhalbtausend Kilometern richtete die Galileo-Raumsonde ihre Vielfarbenkamera auf den Asteroiden und funkte etliche Bilder zurück zur Erde.

So wurde aus Palisas Pünktchen eine konturierte Landschaft. Ida schwebt auf den Fotos als rötlich schimmernder Faustkeil über dem dunklen Nachthimmel. Haushohe Felsen türmen sich auf dem kleinen Planeten auf. Hunderte von Kratern liegen dicht an dicht. Ihre große Zahl läßt darauf schließen, daß der Asteroid schon mehr als eine Milliarde Jahre lang dem Hagel kleinerer Gesteinsbrocken ausgesetzt war.

Nicht weniger verblüffend erscheint ein winziger Fleck im Hintergrund der Bilder: Ida hat einen ständigen Begleiter, einen Mond, der so klein ist, daß nur ein Dorf darauf Platz hätte. Er umkreist den 60 Kilometer langen Asteroiden auf unregelmäßiger Bahn. Und das schon recht lange, denn auch die Haut des winzigen Mondes ist alt und durchlöchert.

Vermutlich sind Ida und der kleine Mond, Dactyl, Geschwister. Sie sind beide Fragmente eines größeren Mutterkörpers und gemeinsam entstanden, als ein auftreffendes Geschoß das Gestein zertrümmerte. Die beiden ungleichen Bruchstücke blieben zusammen, während sich der Rest der Familie in alle Richtungen zerstreute.

Die Weltraumfahrt hat Ida und andere Asteroiden in ein neues Licht gesetzt. Unterdessen nehmen computergesteuerte Teleskope mit CCD-Kameras und Radarantennen die kleinen Planeten von der Erde aus ins Visier.

Aber selbst mit modernen Teleskopen konnten die Sternengucker den Asteroiden Albert nicht wiederfinden, den Johann Palisa in der Nacht des 3. Oktober 1911 entdeckt und dann wieder aus den Augen verloren hatte. Albert blieb neben dem 1916 entdeckten Asteroiden Mildred lange Zeit der einzig flüchtige unter den namentlich verzeichneten Kleinplaneten.

Anfang der neunziger Jahre machte es sich der junge britische Astronom und Computerfreak Gareth Williams zur Aufgabe, die beiden verlorengegangenen Asteroiden wiederzufinden. Er durchforstete alle neuen Beobachtungsdaten und aufgenommenen Bilder nach den beiden Ausreißern.

Ein Jahr brauchte er, um Mildred in den astronomischen Archiven ausfindig zu machen. Johann Palisa hatte ihm jedoch eine ungleich härtere Nuß zu knacken gegeben. Den

Kleinplaneten Albert schien die Dunkelheit für immer verschluckt zu haben. Doch nach langer Suche tauchte Albert schließlich auf einem Foto vom 1. Mai 2000 auf.

Der Asteroid bewegte sich auf einer sehr ungewöhnlichen Bahn: Er näherte sich der Sonne immer wieder für kurze Zeiten, um bald darauf in die Finsternis abzutauchen. Von der Erde aus war der kaum mehr als zwei Kilometer dicke Gesteinsbrocken nur selten gut zu sehen. Die günstigsten Gelegenheiten, ihn zu beobachten, hatte es in den Jahren 1911, im Kriegsjahr 1941 und dann noch einmal 1971 gegeben, wie Williams nun rekonstruieren konnte. Albert war den Astronomen aber jedesmal entwischt. Auch Max Wolf hatte ihn im Oktober 1911 nicht an der von Palisa angegebenen Position gesehen.

Schließlich bedurfte es eines vollautomatisierten Asteroiden-Suchprogramms am Kitt-Peak-Observatorium in Arizona, Albert zu finden. An jenem 1. Mai 2000 konnte sich Johann Palisas Asteroidenauge ein letztes Mal mit der modernen Technik messen.

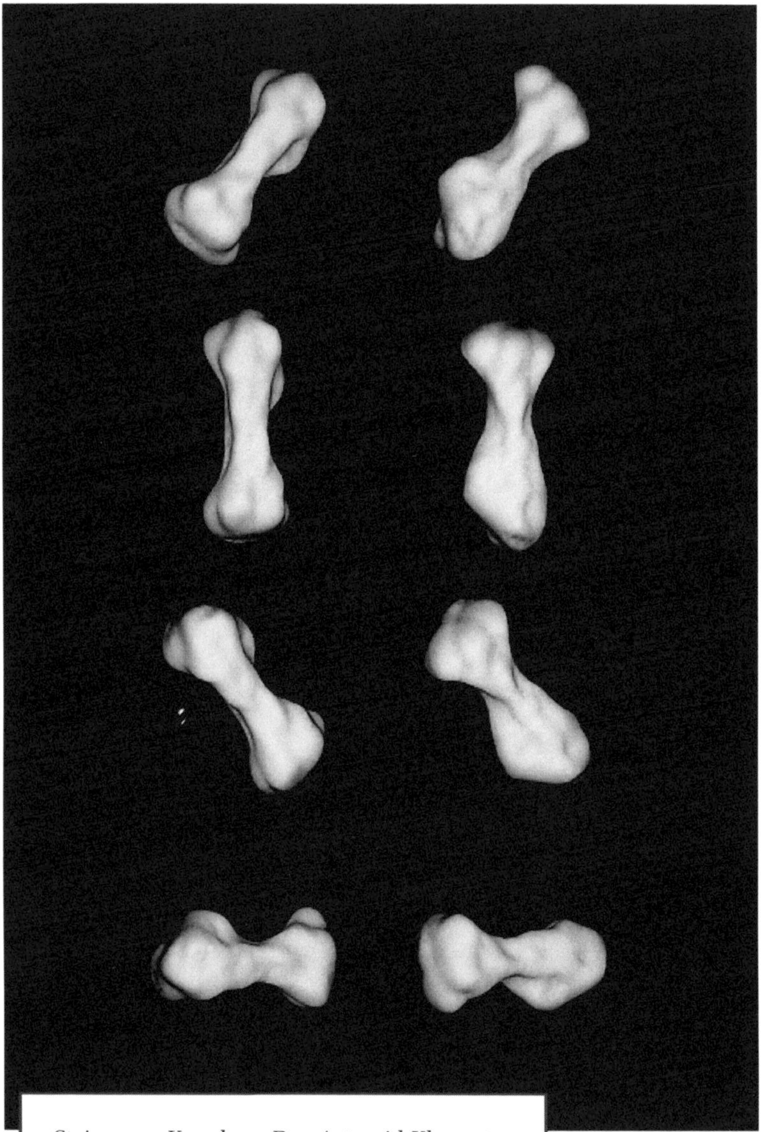

Steinerner Knochen: Der Asteroid Kleopatra dreht sich gemächlich, wie in dieser Computersimulation zu sehen ist, die auf Radaraufnahmen des Himmelskörpers basiert.

12. Immer wieder Sonnenaufgang

Keine Erzählung führt die Vielfalt der Asteroiden so wunderbar vor Augen wie die Geschichte des Kleinen Prinzen von Antoine de Saint-Exupéry. Darin verläßt der Kleine Prinz eines Tages seinen eigenen zierlichen Planeten, um alle Asteroiden der Umgebung aufzusuchen. Er möchte sich bilden und begegnet seltsamen Welten.

Der fünfte Asteroid zum Beispiel ist so klein, daß es dort gerade genug Platz für eine Straßenlaterne und einen Laternenanzünder gibt. Bei jedem Sonnenuntergang zündet der Mann die Laterne an. Morgens macht er sie wieder aus.

Die Nacht auf dem Asteroiden vergeht allerdings im Fluge. Der kleine Planet dreht sich jede Minute einmal um die eigene Achse. Es dämmert ständig. In 24 Stunden gibt es sage und schreibe 1440 Sonnenuntergänge. Der Kleine Prinz ist von dieser Vorstellung entzückt. Der Nachtwächter hingegen seufzt und sehnt sich nach Schlaf.

Er wird es den neueren Erkenntnissen der Wissenschaft zufolge nicht leicht haben, eine Anstellung nach seinem Gusto zu finden. Die meisten Asteroiden im Sonnensystem rotieren schnell. Tag und Nacht wechseln dort rasch.

Über dem Asteroiden 1998 KY26 ziehen die Gestirne besonders eilig vorbei: Zwischen Mittag und Mitternacht vergehen dort nur fünf Minuten. Der Asteroid selbst sei »kleiner als das Radar-Teleskop, mit dem wir ihn beobachtet haben«, schätzt Steven Ostro, der den kohligen Stein im Juni 1998 entdeckte.

Ein anderer Asteroid, Castalia, böte dem Laternenanzünder immerhin eine etwas angenehmere Arbeitsstelle. Castalia sieht wie eine große Erdnuß aus und dreht sich alle vier Stunden einmal um sich selbst – macht: sechs Sonnenuntergänge in 24 Stunden.

Castalia gehört zu den wenigen Asteroiden, deren Gestalt wir inzwischen gut kennen. Im August 1989 zog Castalia in einem Abstand von nur elf Mondentfernungen an der Erde vorbei. Schon wenige Tage nach seiner Entdeckung bot sich die Möglichkeit, den Asteroiden von Puerto Rico aus mit dem größten Radioteleskop der Erde zu beobachten.

Steven Ostro empfing an mehreren aufeinander folgenden Tagen ein Radarecho des kleinen Planeten. Den Bildern nach zu urteilen besteht Castalia aus zwei etwa einen Kilometer dicken Hälften. Die beiden Stücke kleben an einer feinen Naht zusammen, einer nur 100 Meter weiten Erdnußtaille.

Drei Jahre nach Castalia näherte sich der Asteroid Toutatis der Erde. Steven Ostro hatte die Radar-Beobachtungstechnik inzwischen weiter verbessert. Wochenlang verfolgte er den ungewöhnlichen Asteroiden mit der Radioteleskopanlage in Puerto Rico.

Toutatis ist etwas größer als Castalia. Er gibt sich ebenfalls als Doppelasteroid zu erkennen, nur daß die beiden Hälften hier noch loser zusammenhängen. Ostro sah viele Einzelheiten auf der Oberfläche des Himmelskörpers, darunter mehrere Einschlagskrater und Hügel.

Toutatis dreht sich gemächlich. Der Laternenanzünder würde auf diesem Asteroiden gleichwohl nicht glücklich. Denn das Nachtleben auf Toutatis ist verwirrend. Der Kleinplanet rotiert nicht nur in einer Richtung, sondern in zwei: Fünfeinhalb Tage braucht Toutatis für eine Pirouette um seine 4,5 Kilometer lange Achse, knapp siebeneinhalb Tage für den Schwung um die andere, kürzere Achse. Mal geht die Sonne im Westen, mal geht sie im Osten unter. Der Laternenanzünder würde die Nacht mit allerlei komplizierten Berechnungen verbringen müssen und keinen Schlaf finden.

In der Welt der Asteroiden gibt es viele seltsame Wesen wie den sich närrisch windenden Doppelplaneten Toutatis. Selten stößt man unter den Planeten und Kleinplaneten auf mathematisch elegante Bewegungen, auf anmutige Figuren und Anordnungen.

Schon unsere Erde gleicht eher einer Kartoffel als einer Kugel, obwohl die Schwerkraft an der Gestaltung des Globus über Jahrmilliarden gearbeitet hat. Die Erde geht nur deshalb weiterhin als Ball durch, weil die Ozeane einen Großteil ihrer Dellen und Beulen verdecken.

Asteroiden sind meist derart krumm und bucklig, daß schon der Vergleich mit einer Kartoffel oder einer Erdnuß etwas Beschönigendes hat. Die geringe Schwerkraft der Kleinplaneten hält den Schutt nur notdürftig zusammen. Sie kann die Himmelskörper nicht in Form bringen. Nach einer Kollision mit einem anderen Felsbrocken ist ein Asteroid für immer gezeichnet. Man sieht ihm seine wechselvolle Geschichte gleich auf den ersten Blick an.

Als die Raumsonde »Near« im Jahr 2000 in eine Umlaufbahn um den Kleinplaneten Eros einschwenkte, um ihn ein Jahr lang aus der Nähe zu betrachten, bot sich den Wissenschaftlern ein Bild der Verwüstung: Eros ist etwa so lang und so schmal wie die Insel Sylt. Auf der Oberfläche des Asteroiden zählten die Forscher mehr als 100 000 Einschlagskrater und 7000 turmhohe Gesteinstrümmer. Und als die Sonde schließlich im Februar 2001 auf Eros landete, sahen sie, daß Sand und lose Steine den ganzen Kleinplaneten bedecken und die Krater teilweise bis zum Rand füllen.

Bis dahin hatten Wissenschaftler gedacht, daß derartiges Geröll bei heftigen Zusammenstößen zwischen den Asteroiden in alle Richtungen davongeschleudert würde. Denn die Anziehungskraft eines Asteroiden wie Eros ist sehr gering. Sie ist so klein, daß dort ein mit Schwung abgeschlagener Golfball auf Nimmerwiedersehen im All verschwinden würde.

Aber entgegen vorherigen Erwartungen ist Eros kein nackter, einsamer Fels im Weltraum, sondern überraschend vielgestaltig. Die bei Einschlägen aufgeworfenen Trümmer können wieder auf den Asteroiden zurückfallen.

Zwischen all diesem Schutt wäre wohl noch Platz für eine Laterne. Der Nachtwächter würde sich allerdings auch auf Eros nicht niederlassen wollen, müßte er doch alle fünf Stunden einen neuen Tag begrüßen – zu oft für den schlafbedürftigen Mann.

Der Laternenanzünder darf trotzdem auf eine Besserung seiner Lage hoffen. Er könnte sich um einen Job auf dem Asteroiden Mathilde bemühen.

Mathilde ist noch stattlicher als Eros, wenn auch schrecklich durchlöchert. Bis zu zehn Kilometer tief ragen die Einschlagskrater in den Boden hinein. Daß Mathilde in der Vergangenheit nicht auseinandergebrochen ist, liegt vermutlich an der sehr porösen und lockeren Zusammensetzung des Asteroiden. Er besteht kaum noch aus hartem Gestein, sondern ist nichts als ein Haufen Geröll. Mathilde kann heftige Meteoriteneinschläge daher wohl ebensogut wegstecken wie ein Sandsack den Hieb eines Boxers.

Was für den Laternenanzünder aber bedeutender erscheint: Der Asteroid dreht sich so langsam wie kaum ein anderer im Sonnensystem. Mehr als ein halber Erdenmonat vergeht hier zwischen einem Sonnenuntergang und dem nächsten. Der Kleine Prinz, der die Abendsonne liebt, würde auf dem Asteroiden vor Sehnsucht vergehen. Der Laternenanzünder aber fände auf Mathilde endlich die verdiente Nachtruhe.

13. Der Archivar

Brian Marsden sitzt auf Cambridges höchstem Hügel und zählt seine Schäfchen. Mit diesem Frühlingstag im Jahre 2002 sind es exakt 39462. Marsden weiß genau, wo sich jeder der kleinen Planeten gerade aufhält.

Das Gewölbe über ihm ist kein gewöhnliches Planetarium. Marsdens Himmel kennt keine blinkenden Sterne, sondern nur Wörter und Zahlen, Koordinaten und scheinbare Helligkeiten. Rings um ihn herum stehen Regale und Aktenschränke. Astronomische Jahrbücher aus Rußland finden sich neben handgeschriebenen deutschen Kladden von Anno dazumal. Auf dem Schreibtisch stapeln sich Computerausdrucke und Telegramme. Ständig laufen Nachrichten von Wissenschaftlern und ambitionierten Hobbyastronomen hier in Massachusetts ein.

Gerade sind es zwei kurze Mitteilungen aus Tschechien und Kanada. Amateurastronomen bestätigen eine Entdeckung amerikanischer Sternenfreunde vom 4. Mai: ein neuer Asteroid.

39462 Asteroiden, und schon reizt Marsden der nächste. Niemand hat die Beobachtungsdaten bislang gedeutet, niemand weiß, woher dieser Asteroid kommt, wohin er gehen wird, zu welcher Familie von Kleinplaneten er gehört. Ein paar Positionen am Himmel, das ist alles. Die eigentliche Entdeckung steht noch aus.

Es sind diese Momente der Ungewißheit, in denen Marsden aus der Tiefe seines Schreibtischstuhls aufspringt und mit ruhelosen Fingern über die Tastatur des Computers huscht. So bald wie möglich will er dem neuen Asteroiden einen wohlberechneten Platz am Himmel zuweisen, ihn in den Asteroidenkatalog aufnehmen und die Fachwelt benachrichtigen.

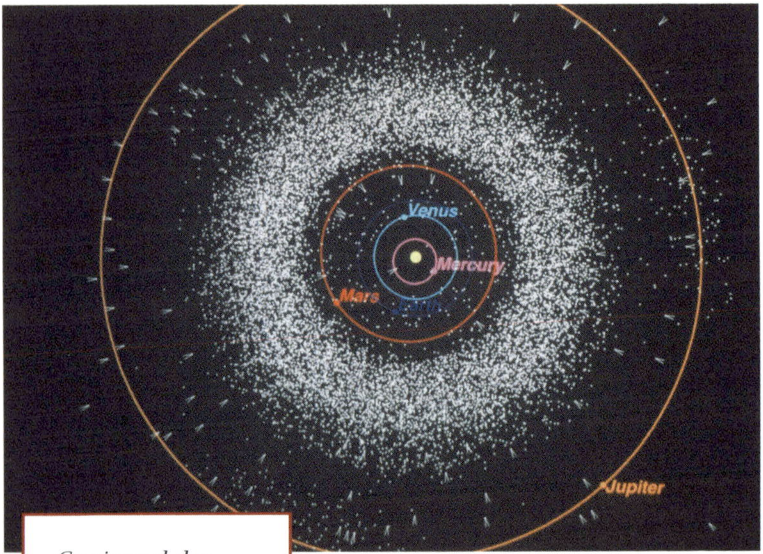

Gewimmel der Kleinplaneten: Im Asteroidengürtel zwischen Mars und Jupiter tummeln sich Millionen Himmelskörper.

Wieder ergreift ihn diese Spannung, die ihn mit den Sternenguckern da draußen verbindet: mit jenen Wissenschaftlern, die sich bei einbrechender Dämmerung an ihr Teleskop setzen, um keine Gelegenheit zu verpassen, wandelnden Gestirnen nachzujagen, und systematisch nach neuen Phänomenen suchen; aber auch mit den noch viel zahlreicheren Nachtschwärmern, die davon träumen, einmal in ihrem Leben einen Kometen oder Asteroiden zu entdecken.

Marsden steht mit vielen von ihnen in ständigem Kontakt. Nächtliche Geschehnisse aus aller Herren Ländern untermalen die ihm übermittelten Koordinaten der Gestirne. Ein neuer Teleskopspiegel auf einem Hausdach im Schwarzwald weckt bei dem gesprächsfreudigen Forscher fast ebensoviel Aufmerksamkeit wie ein Planet en miniature.

Nichts, was in diesem quirligen Kopf nicht irgendwo Platz hätte. Den Nachlaß seiner Vorgänger scheint er darin komplett gespeichert zu haben. Er selbst hat mit seinen Kollegen in den vergangenen vier Jahrzehnten 13 Millionen Beobachtungsdaten in der Zentralstelle für Kleinplaneten im amerikanischen Cambridge zusammengetragen. Die Hälfte davon sind wiederholte Beobachtungen einiger ausgewählter Asteroiden: jener 39462 Kleinplaneten, deren Bahnen Marsden mittlerweile mit zufriedenstellender Genauigkeit kennt.

Daneben gibt es jedoch mehr als fünfmal so viele Irrlichter am Firmament. In Marsdens Akten wimmelt es von Asteroiden, die bislang nur kurzzeitig zu sehen waren oder gar erst einmal ins Visier eines Fernrohrs gerieten. Neue »One-night stands« nimmt Marsden inzwischen gar nicht mehr in seine Sammlung auf. Kann ein Astronom einen Kleinplaneten nicht mindestens zwei Nächte lang verfolgen, gibt es zu wenige Anhaltspunkte dafür, das Objekt am Himmel wiederzufinden und seine Bahn in den kommenden Wochen und Monaten nachzuzeichnen. Aber zwei flüchtige Augenblicke reichen aus, und Marsden beißt sich an einer Entdeckung fest.

Oben auf seinen Dokumenten liegt eine Mitteilung von William Kwong Yeung vom 21. Januar 2002. Der Hobbyastronom aus Arizona schreibt, er habe mit seinem 45-Zentimeter-Teleskop und einer CCD-Kamera einen bislang unbekannten Asteroiden aufgenommen.

Marsden hat mehr als drei Monate gebraucht, um festzustellen, daß das Objekt gar kein Asteroid ist, sondern ein Komet. Er hat in Archiven nach ihm gesucht und Beobachtungsaufträge erteilt. Schließlich, Anfang Mai, ist ein kleiner Schweif zum Vorschein gekommen, den der bis dahin unbemerkte Himmelskörper hinter sich her zieht. Und heute, am 9. Mai, kann Marsden endlich die Entdeckung des Kometen per elektronischem Rundbrief bekanntgeben.

Abermals hat er einen kleinen Himmelskörper in das komplexe Gangwerk der Gestirne eingereiht. Er hat den Lauf des Kometen um die Sonne auf Jahrzehnte hin vorausberechnet. Der kleine Schweifstern trägt fortan den Namen »Yeung«.

Marsden weiß, wie wichtig für Amateurastronomen eine solche Anerkennung ist. Nach wie vor teilt er ihre Begeisterung. Immer noch fasziniert ihn das Neue, die erste Beobachtung, die erste Entdeckung. Kaum ist irgendein namenloses Himmelslicht in einem Fernrohr aufgeblitzt, springt der Funke per E-mail oder Fax auf ihn über: Ist es ein Asteroid oder ein Komet? Oder vielleicht ein Zwischenwesen, ein Centaur? Jede Beobachtung bleibt wertlos, solange sie nicht interpretiert wird. Erst durch die Einordnung wird die Faktenkenntnis zur Wissenschaft, wird etwas von dem sichtbar, was sich hinter den nächtlichen Erscheinungen verbirgt.

Langsam lichtet sich der Wust von Millionen Koordinaten und täglich neuen Meldungen. Die 39462 Kleinplaneten sind nicht wahllos über den Himmel verteilt. Die meisten von ihnen ziehen ihre Bahnen in einem weiten Band zwischen Mars und Jupiter: dem Asteroidengürtel. Vermutlich gibt es in dieser Region Millionen Asteroiden: solche wie

Ceres und Pallas, Juno und Vesta von mehreren 100 Kilometern Durchmesser, vor allem jedoch kleinere Felsen und Gesteinsbrocken.

Die Vermutung, daß es sich bei all den Kleinplaneten im Asteroidengürtel um die Überreste eines einzigen, großen Planeten handelt, der vor Urzeiten zertrümmert wurde, hat sich bisher nicht bestätigt. Die Verteilung der Asteroiden und ihrer Bruchstücke spricht eher dafür, daß das Gestein nie zu einem einzigen Himmelskörper zusammenfinden konnte.

Denn Jupiter läßt der ganzen Region keine Ruhe. Immer wieder werden Asteroiden plötzlich aus ihrer Bahn geworfen. Sie verlassen den Asteroidengürtel und tauchen weit ab ins innere Sonnensystem, wo sie die Wege der Erde und anderer Planeten kreuzen.

Das dichte Band der Asteroiden, das Gewimmel der Kleinplaneten ist so schwer zu überblicken wie ein Puzzle aus 39462 Teilen. Brian Marsden ist einer der wenigen, der dieses Puzzle zusammenfügen und jederzeit um einen neuen Stein erweitern kann.

Kapitel V
Lüfte

Rundum verkohlt: Der 13jährige Patric Scharff fand dieses Steinchen, das vom Himmel gefallen war, 1985 in Hohenlangenbeck unter einer Pappel.

14. Feuerbälle

Der 13jährige Patric Scharff war ein begeisterter Sternengucker. Mit seinem selbst zusammengebauten Fernrohr hatte er die Krater des Mondes und die Ringe des Saturn beobachtet. Aber das alles verblaßte neben der Feuerkugel, die er am 14. November 1985 um 18 Uhr 17 vom heimischen Garten in Kuhfelde aus erblickte.

Wie aus dem Nichts war sie plötzlich am Himmel aufgetaucht, so groß und so hell wie der Vollmond und mit einem farbenprächtigen Schweif. Er sah das Himmelslicht auf sich zukommen und rief nach seinen Eltern. Aber schon nach kurzem Aufflammen verpuffte die Feuerkugel mit einem Knall.

Patric Scharff lief ins Haus und erzählte seiner Mutter aufgeregt von dem hellen Ball, der in die Dunkelheit eingebrochen und direkt vor seinen Augen erloschen war. So nah wie an diesem Abend war ihm der Himmel noch nie gewesen.

Am nächsten Tag in der Schule kannte der Junge kein anderes Thema. Und er war nicht der einzige, der die Feuerkugel gesehen hatte. Auch seinem Lehrer, Manfred Tiburtius, war das Schauspiel nicht entgangen, und er setzte Patric auf eine Fährte: Tiburtius hatte am Vorabend, kurz nach Ende der Leuchterscheinung, etwas durch die Kronen der nahegelegenen Bäume seines Wohnhauses in Hohenlangenbeck rascheln hören. Nach Schulschluß machte sich Patric dahin auf. Zwei Stunden lief der Junge über die Äcker. Er suchte auf dem Reitplatz und im Gehölz, ohne irgend etwas Außergewöhnliches zu bemerken.

Irgendwann streifte sein Blick ein kleines dunkles Steinchen, das unter einer Pappel lag. Es war nicht größer als ein Radiergummi und sah aus wie ein Stück Kohle. Das Steinchen erschien ihm sonderbar. Er steckte es ein und nahm es mit nach Hause. Wissenschaftler identifizierten es später als Bruchstück des Meteoriten.

Das nur 43 Gramm schwere Steinchen war jedoch das einzige, was von der riesigen, weithin sichtbaren Feuerkugel aufzufinden war – von einem glühenden Brocken, der vor seinem Abstieg in die dichte Atmosphäre der Erde gut und gerne 100 Kilogramm gewogen haben mochte, der dann in etwa 20 Kilometern Höhe zerplatzt war und sich in Staub aufgelöst hatte. Das Steinchen aus Hohenlangenbeck war der klägliche Überrest. Und doch war es der erste Meteorit, der seit der Staatsgründung der DDR in diesem Land beobachtet und anschließend auch gefunden wurde.

Der zweite ließ nicht lange auf sich warten: Am ersten März 1988 fiel in Trebbin in Brandenburg ein 1,2 Kilogramm schwerer Steinmeteorit vom Himmel. Er schlug durch das Dach eines Gewächshauses und zerbrach beim Aufprall in mehr als 30 Fragmente.

Die beiden Meteoriteneinschläge geben einen ungefähren Eindruck davon, wie selten solche Ereignisse in der Erlebniswelt einer Generation sind. Viele Menschen nehmen zeit ihres Lebens keinerlei Notiz von Meteoriten und dergleichen. Im gesamten deutschsprachigen Raum sind aus den vergangenen 350 Jahren nur etwa 50 Meteoritenfälle und -funde dokumentiert. Die am Boden aufgelesenen Steine waren kaum einmal mehr als fußballgroß, ihr Aufprall hinterließ keine nennenswerten Spuren.

Das Häuflein Steine, das Patric Scharff und andere in Deutschland zusammengetragen haben, ist bescheiden. Auf den ganzen Erdball hochgerechnet, wird allerdings schnell ein Berg daraus. Und der wird noch höher, wenn man berücksichtigt, daß wir die meisten Meteoriten, ihre Trümmer und Relikte überhaupt nicht zur Kenntnis nehmen.

Tag für Tag fallen etwa fünf Lkw-Ladungen außerirdisches Material vom Himmel auf die Erde. Das meiste davon sind feinste Staubkörnchen, Mikrometeoriten, die unaufhörlich auf den Erdboden rieseln. Größere Steine befinden sich nur selten darunter.

Völlig unbemerkt blieben bis vor kurzem auch all jene Feuerkugeln, die über den Ozeanen niedergehen – immerhin gut zwei Drittel aller Meteoriten. Erst in jüngster Zeit hat sich dies geändert. Satelliten zeichnen inzwischen die Lichtblitze der großen Meteoriten auf, die in die Atmosphäre eindringen und unter heftigen Explosionen zu Staub zerfallen.

So registrierten amerikanische Militär-Satelliten, die vor feindlichen Raketenstarts oder Atomwaffentests warnen sollten, im Oktober 1990 eine heftige Explosion über dem westlichen Pazifik. Sie galt zunächst als möglicher Atomwaffentest. Denn die politische Lage war damals äußerst angespannt. Zwei Monate zuvor hatten irakische Truppen Kuwait überfallen, die USA bereiteten sich bereits auf den Golfkrieg vor. Erst nach Wochen ungeduldiger Analyse konnten Experten die Detonation als Meteoriteneinschlag identifizieren.

Drei Jahre später legte das amerikanische Verteidigungsministerium eine Liste aller Meteoriten-Explosionen vor, die die Frühwarn-Satelliten zwischen den Jahren 1975 und 1992 aufgezeichnet hatten. Allein in diesem kurzen Zeitraum gab es 136 wuchtige Detonationen in der Erdatmosphäre. Zwischen 1994 und 2002 registrierten die inzwischen noch besser ausgestatteten US-Spionagesatelliten sogar 300 Feuerbälle. Viele dieser Gesteinsbrocken waren mehrere Meter groß.

So auch jener Koloß, der am 1. Februar 1994 auf die Tokelau-Inseln im Pazifik zuschnellte. Das Geschoß hatte die Ausmaße eines ansehnlichen Wohnhauses und die Sprengkraft mehrerer Atombomben. Aber es erreichte die Inseln nicht. Der Stein zersprang noch in der Luft. Sechs Satelliten und ein paar Fischerleute waren die einzigen Zeugen der Explosion und des beängstigenden rot-blauen Himmelsfeuers.

Noch größer war der Meteorit, der am 30. Juni 1908 über der sibirischen Taiga explodierte – glücklicherweise über unbewohntem Gebiet. Mit einem Donnerschlag, der noch in 1000 Kilometern Entfernung zu hören war, machte er den Wald dem Erdboden gleich. Die Druckwelle war so gewaltig, daß die Bäume noch 40 Kilometer vom Zentrum der Detonation entfernt umknickten. Wäre der Meteorit über dicht besiedeltem Gebiet heruntergekommen, hätte es eine Katastrophe gegeben.

Derart gefährliche Meteoriten treffen die Erde allerdings nur in Abständen von mehreren hundert bis tausend Jahren. Auch der mondhelle Feuerball, den der kleine Patric Scharff beobachtete, war weit weniger furchteinflößend. Vielmehr war der Meteoritenfall für den 13jährigen das größte Erlebnis seiner erst kurzen Karriere als Hobby-Astronom. Von nun an lachten ihm die Sterne noch häufiger zu, fotografierte er das Himmelsgeschehen noch aufmerksamer, wie er 18 Jahre später erzählt.

Das Meteoritenbruchstück, das er damals nach langer Suche im Wald gefunden hatte, gab er trotzdem nicht allzu schweren Herzens her. Wissenschaftler bedankten sich bei ihm für das himmlische schwarze Steinchen mit ein paar funkelnden Kristallen, einem Achat und einem Stück Zinkblende. Welches Kinderherz hätte da widerstehen können!

15. Falscher Alarm

Nahe der Grenze der USA zu Mexiko, mitten im Indianerreservat der Tohono O'Odham, ragt der Kitt Peak 2100 Meter in den Himmel. Er ist ein heiliger Berg für die Wüstenbewohner, aber auf dem Gipfel stehen heute, in Einvernehmen mit den Tohono O'Odham, mehr als 20 Sonnenteleskope, Radioantennen und weiße Kuppeltürme. Nachts öffnen sich die Dächer, um den Astronomen, »denen mit den langen Augen«, »hegam mo ge ce, e cew wu : pui«, den Blick auf den fast immer sternenklaren Himmel freizugeben.

Tom Gehrels fährt die Serpentinen hinauf, vorbei an mehr als 100 Jahre alten Saguaro-Kakteen. Wieder einmal wird er für mehrere Nächte auf dem Berg bleiben. Er wird dasselbe Computerprogramm abspulen wie beim letzten Mal, während das »Spacewatch-Teleskop« in 30minütigen Wiederholungssequenzen über den Himmel zieht. Er wird dieselben Lieder singen, tagsüber die Daten auswerten und dazwischen nur wenige Stunden Schlaf finden.

Und doch ist jede dieser Nächte einzigartig. Ein kleiner Himmelskörper könnte heute plötzlich auftauchen und schon morgen wieder in der Dunkelheit verschwinden. Wenn Gehrels die Chance verpaßt, den Asteroiden während dieser günstigen Konstellation der Gestirne zu sehen, dann wird sich vielleicht erst Jahrzehnte später eine ähnlich gute Gelegenheit bieten.

Früher hat Gehrels solch günstige Zeitpunkte des öfteren versäumt. Es war schlicht kein Teleskop frei, weil andere Astronomen just im selben Augenblick weit entfernte Sterne und Galaxien betrachten wollten.

Gehrels hatte schon zu Beginn seiner Karriere davon geträumt, ein Observatorium ausschließlich dafür zu bauen, Kleinplaneten damit zu beobachten. Aber erst als er An-

Dunkler Fels: Der Asteroid Eros, aufgenommen von der Raumsonde »Near«, ist etwa so lang und so schmal wie die Insel Sylt. Er kann unserer Erde bedrohlich nahe kommen.

fang der achtziger Jahre zum wiederholten Male einen Plan für ein solches Gerät vorlegte, bot ihm die Universität von Arizona ein ausgedientes Teleskop samt Gebäude auf dem Kitt Peak an.

Das Teleskop war schon damals über 60 Jahre alt. Mit Hilfe moderner Computer-Elektronik und sehr lichtempfindlicher CCD-Detektoren haben Gehrels und seine Kollegen daraus ein effizientes Suchgerät gemacht. Es öffnet den Forschern zwar nur ein bescheidenes Sichtfenster, dafür aber den Blick auf ausgesprochen kleine und dunkle Asteroiden. Und ein zweites, noch besseres Teleskop ist inzwischen in Betrieb.

Beim Ausblick durch die beiden Fenster erscheint der Nachthimmel über dem heiligen Berg noch lebendiger als zuvor. Mal rollt ein kilometergroßer, dunkler Fels über das Firmament, dann zieht ein hundertmal kleinerer Stein an der Erde vorbei. Bis zum Sommer 2002 registrierten Gehrels und das »Spacewatch-Team« 300 Asteroiden, die in regelmäßigen Abständen an der Erde vorbeiziehen und ihr dabei sehr nahe kommen können.

All diese Gesteinsbrocken kommen aus derselben Himmelsregion: dem Asteroidengürtel zwischen Mars und Jupiter. Der Asteroidengürtel ist ein Steinbruch, aus dem immer wieder einzelne Trümmer herausgeschleudert werden. Meist sind es nur Staubkörnchen und kleine Bruchstücke, die Meteoriten, die aus dem Wirrwarr von Millionen kleinerer und größerer Felsen ausbrechen. Aber hin und wieder nimmt auch ein großer Brocken reißaus und schlingert auf die Erde zu.

Am 17. Januar 1991 entdeckte David Rabinowitz mit dem »Spacewatch-Teleskop« einen Asteroiden, der in einem Abstand von nur 170 000 Kilometern an der Erde vorbeiflog. Das war weniger als die halbe Distanz zwischen Erde und Mond. Der Asteroid war zwar nicht sehr schwer, hätte aber bei einem Einschlag auf bewohntem Gebiet eine Großstadt zerstören können.

In der ersten Dezemberwoche des Jahres 1997 hielt dann Jim Scotti auf dem Kitt Peak Ausschau nach potentiell gefährlichen Asteroiden. Er hatte in den zurückliegenden Jahren bereits mehr als 50 erdnahe Asteroiden entdeckt. Doch keiner von ihnen schien unserem Planeten in absehbarer Zeit derart in die Quere zu kommen, daß eine Kollision zu befürchten war.

Diesmal jedoch machte Scotti eine besorgniserregende Beobachtung: Der Asteroid 1997 XF11, den das automatische Suchprogramm trotz des trüben Wetters erfaßte, hatte eine Umlaufbahn, die ihn ganz dicht an die Erde heranführte. Und als die Spur des Objektes nach vielen Wochen noch einmal aufgenommen wurde, glaubte man bereits, die Pfade ein für allemal vorzeichnen zu können, auf denen der Asteroid wandeln würde.

Die Bahndaten verdichteten sich zu einer bösen Vorahnung: Der etwa zwei Kilometer große Fels könnte am Donnerstag, dem 26. Oktober des Jahres 2028, mit ungeheurer Wucht auf die Erde stürzen und eine Katastrophe ungeahnten Ausmaßes auslösen.

Es war das erste Mal, daß Astronomen eine derartige Schreckensnachricht in Umlauf setzten und ihre Kollegen alarmierten. Auch Journalisten erfuhren von dem unheilvollen Asteroiden, und mit einem Mal rückten er und seine Entdecker in den Blickpunkt der Weltöffentlichkeit.

Während in den Nachrichten die Spekulationen über das bevorstehende Desaster blühten, gab es hinter den Kulissen heftige Auseinandersetzungen zwischen den Forschern über die Möglichkeiten einer zuverlässigen Vorhersage. Bald wurde klar, daß es ein falscher Alarm war. Denn nach genauerem Studium kamen die Himmelsmechaniker überein, daß 1997 XF11 die Erde im Oktober 2028 verschonen und noch jenseits der Bahn des Mondes passieren wird.

Aber die Erfahrung war heilsam. Sie hat den Wissenschaftlern deutlich gemacht, daß es unmöglich ist, die

Flugbahn eines Asteroiden bereits nach wenigen Beobachtungen auf Jahrzehnte hinaus mit der nötigen Gewißheit vorherzusagen. Die Erde ist eine kleine Zielscheibe. Und die Gefahr eines Asteroideneinschlags läßt sich erst dann bewerten, wenn man das Geschoß lange genug auf seinem kreisenden Weg verfolgt hat.

Bis zur nächsten Erschütterung unseres Globus durch einen kilometergroßen Asteroiden mag es noch Jahrhunderte oder Jahrhunderttausende hin sein. Wir wissen nicht, ob nicht bereits ein mächtiger Asteroid im Anflug auf die Erde ist. Wir können uns allenfalls darum bemühen, eine solche Gefahr rechtzeitig zu erkennen – und den nahenden Asteroiden dann vielleicht noch von seiner Route abzubringen. Dazu wären allerdings gigantische Energien notwendig, weshalb manch einer in diesem Zusammenhang bereits an den möglichen Einsatz von Atomwaffen denkt.

Es ist kalt auf dem heiligen Berg. Tom Gehrels bereitet sich auf die nächste Nacht vor. Er sagt, daß es noch viele Jahre dauert, bis auch nur die 1000 größten Asteroiden bekannt sein werden, die die Wege unseres Planeten kreuzen und der Menschheit eines Tages gefährlich werden könnten.

Leuchterscheinung: Der Naturforscher Alexander von Humboldt wird in Venezuela Zeuge eines Sternschnuppenregens.

16. Eine Tüte Shrimps

Am Nachmittag des 25. Januar 2000 fährt Jim Brook mit seinem Kleinlastwagen im Schrittempo nach Hause und schaut durch die Windschutzscheibe nach beiden Richtungen hin über das Eis des zugefrorenen Sees. Wieder hält er an und stapft mit seinen Stiefeln durch den harschen Frost.

Alles, worauf er bisher gestoßen ist, waren ein paar Haufen festgefrorener Kot. Schon mehrmals hat er sich von den herumstreunenden Wölfen täuschen lassen. Aber diesmal ist es kein Wolfsmist. Es ist ein Stein, pechschwarz, genau wie ihn der Wissenschaftler am Telefon beschrieben hat!

Er läuft zurück zum Auto und holt eine Plastiktüte, die er eigens für diesen Fall eingesteckt hat. Vorsichtig stülpt er sie über das Steinchen und hebt es auf.

Schweflige Dämpfe steigen aus dem Gestein auf, der Mief der Äonen, und für einen Augenblick riecht Jim Brook in die ungastliche Welt der Meteoriten und Asteroiden, der Monde und Planeten hinein.

Eine Woche ist nun seit dem größten Meteoritenfall in der Geschichte Kanadas verstrichen. Viele Menschen haben die Leuchtspur damals am Himmel gesehen, Wissenschaftler haben die Flugbahn der Feuerkugel genau berechnet. Sie haben herausgefunden, daß die Trümmer des Meteoriten hier in Yukon, in dieser gottverlassenen Wildnis, vom Himmel gekommen sein müssen. Ein paar Tage hat Jim Brook vergeblich danach Ausschau gehalten. Nun hält er ein winziges Bruchstück dieses Meteoriten in den Händen.

In der Dämmerung sucht er weiter und findet noch andere Himmelssteine. Er sammelt sie auf, nimmt sie mit nach Hause, öffnet den Kühlschrank und legt sie ins Eisfach. Am nächsten Morgen kehrt er zu der Fundstelle zurück. Diesmal holt er einige Dutzend dunkle Steine aus dem Eis. Sie wiegen nicht mehr als ein Beutel Shrimps.

Drei Monate später zieht ein Forschertrupp in Yukon ein. Das Eis ist inzwischen geschmolzen, der Boden feucht. Die Wissenschaftler durchkämmen ein 16 mal 5 Kilometer großes Areal und stoßen auf weitere 400 Fragmente des Meteoriten. Doch die besten Stücke finden sie in Jim Brooks Eisschrank. Die Meteorite sind noch so frisch wie am Tag des Einschlags.

Jim Brook, 46 Jahre alt, blauweiß kariertes Holzfällerhemd, schaut in die Kamera und zeigt voller Stolz seine Beute. Nach all den Telefonaten und Ankündigungen findet sie endlich die erwünschte Beachtung. Er pflichtet Peter Brown und anderen Vertretern kanadischer Universitäten bei, daß die Bruchstücke des Meteoriten so bald wie möglich der wissenschaftlichen Analyse unterzogen werden sollten. Die Steine gehen auf Reisen, das Eisfach ist wieder frei.

Im Labor schneiden Peter Brown, Alan Hildebrand und ihre Kollegen die Proben sauber auf, legen die Schnittflächen unter ein Elektronenmikroskop und lichten sie ab. Dann breiten sie das Innenleben des Gesteins wie eine große Landkarte vor sich aus.

Die Aufnahme der Minerale bedeckt einen ganzen Tisch. Die Gesteinslandschaft zeigt runde und eckige, nadelförmige und gebrochene Kristalle. Große Einschlüsse wechseln mit winzigen Metallkörnchen. Der Meteorit besteht aus verborgenen Diamanten und anderem Sternenstaub, aus Sauerstoff-, Eisen-, Silizium- und Magnesiumverbindungen und zudem aus allerhand organischen Substanzen. Allenthalben stoßen die Forscher auch auf Zeichen der Verwitterung, die das wenige im Gestein gefangene Wasser während der Jahrmilliarden ausgelöst haben muß.

Außerdem fallen ihnen kleine Kügelchen ins Auge, die wie Murmeln in dem Meteoriten eingeschlossen sind. Sie liegen recht weit auseinander und sind nicht sehr zahlreich, während sie bei anderen Meteoriten bis zu 80 Prozent des Gesteins ausmachen können. Die Wissenschaftler nennen diese Einsprengsel Chondren, in Anlehnung an die griechische Bezeichnung »chondros« für Korn.

Die Chondren haben sich sehr früh im Sonnensystem gebildet, noch vor unserer Erde. Es handelt sich dabei um kleine Schmelztröpfchen. Und da Gestein nicht leicht zum Schmelzen zu bringen ist, muß es in der Umgebung der jungen Sonne mitunter sehr heiß geworden sein. Das Thermometer kletterte wahrscheinlich blitzartig auf weit über 1000 Grad Celsius und kühlte innerhalb weniger Stunden um einige 100 Grad ab. Die Risse in manchen der kleinen Murmeln zeugen von raschen Temperaturwechseln. Weshalb es zu derartigen Hitzeausbrüchen kam, ist ungewiß.

Die Chondren spiegeln vermutlich ein Übergangsstadium vom Staub zu den Gesteinen wider. Sie wurden später Bestandteile aller Asteroiden und der Planeten. Heute findet man die Chondren in keinem Stein der Erde mehr. In vielen Asteroiden und ihren Bruchstücken, den Meteoriten, sind sie dagegen noch immer in großer Zahl vorhanden, denn die kleinsten Himmelskörper im Sonnensystem sind kalt und daher über die Jahrmilliarden am besten erhalten geblieben. Es mag zwar sein, daß auf einem sehr großen Asteroiden wie Vesta kurzzeitig Vulkane loderten. Die meisten Kleinplaneten aber haben sich in ihrem 4,5 Milliarden Jahre währenden Leben kaum gewandelt.

Die Trümmer, die Jim Brook im kanadischen Eis aufgelesen hat und deren schweflige Gase in seine feine Nase aufgestiegen sind, gehören zu den bislang ursprünglichsten Funden. Das Gestein aus Yukon hat nahezu dieselbe chemische Zusammensetzung wie unsere Sonne, wenn man einmal von flüchtigen Substanzen wie Wasserstoff oder Helium absieht. Die Übereinstimmung ist bemerkenswert. Die Steine aus Jim Brooks Eisschrank sind eine weitgehend unverfälschte Stichprobe jener Urmaterie, aus der sich unsere Sonne und die Planeten einst gebildet haben.

Überraschend ist darüber hinaus, wie viele organische Substanzen der Stein und manch anderer Meteorit enthalten. Die Wissenschaftler fanden darin sogar einige elementare Bausteine des Lebens: Zucker und Aminosäuren.

Die Meteoriten bringen diese fruchtbare Saat seit jeher aus dem All mit auf die Erde. Im Murchison-Meteoriten, der am 28. September 1969 in Australien vom Himmel fiel, entdeckten Wissenschaftler erstmals zahlreiche prominente Aminosäuren. Der Meteorit birgt nicht nur die hier auf Erden bekannten, linksdrehenden Aminosäuren, aus denen alle Lebewesen ihre Eiweiße bilden. In dem Stein sind auch die spiegelbildlich aufgebauten, rechtsdrehenden Aminosäuren vorhanden. Sie sind unzweifelhaft kosmischen Ursprungs.

Die Meteoriten, die Forschern bislang in die Hände fielen, enthalten mehr als 70 Aminosäuren, von denen etliche zuvor auf der Erde völlig unbekannt waren. Aber auch viele für unser Dasein notwendige Moleküle haben bis heute im Asteroidengürtel und in anderen Winkeln des Weltalls überdauert, und von dort aus finden sie bereits seit Jahrmilliarden den Weg zur Erde.

Das Universum schöpft aus einem erstaunlichen Reservoir organischer und anorganischer Substanzen, aus einer Vielfalt, aus der man mit ein bißchen Kreativität einige recht unterschiedliche Erden modellieren könnte.

17. Goldregen

Weiter ging's nicht. 492mal war der Meißel mitsamt dem kilometerlangen Gestänge bereits in dem kreisrunden Loch verschwunden. Er hatte sich, mit immer neuen Hartmetallköpfen bestückt, vier Jahre lang im felsigen Untergrund aufgerieben und dabei eine Gesteinsprobe nach der anderen nach oben geholt. Am 12. Oktober 1994 zog er den letzten Pfropfen aus 9101 Metern Tiefe aus der Erde. So tief wie hier in Windischeschenbach in der Oberpfalz hatte in Deutschland noch niemand gebohrt.

Der Geowissenschaftler Rolf Emmermann und seine Kollegen haben anhand der zutagegetretenen Schichtungen des Bodens rekonstruiert, wie sich der europäische Urkontinent gebildet hat. Und sie haben festgestellt, daß die Temperatur beim Vorstoß in die Erdkruste mit jedem Kilometer um etwa 30 Grad zunimmt.

So herrschten in 9101 Metern Tiefe bereits 270 Grad Celsius. Bei dieser Hitze und dem ungeheuren Druck verformte sich das Gestein, wurde zäh wie Honig und setzte das Bohrloch Millimeter für Millimeter zu. Es wurde immer schwieriger, den Bohrkopf aus der einmal erreichten Tiefe zurückzuholen. Statt 10 oder 15 Kilometer weit vorzustoßen, mußte die »Kontinentale Tiefbohrung« nach neun Kilometern vorzeitig abgebrochen werden.

Die Geologen haben allerdings ohnehin nur ein bißchen an der Oberfläche der Erde gekratzt. Vom Standpunkt der Technik aus gesehen, ist ein neun Kilometer tiefes Loch eine eindrucksvolle Leistung. Aber damit ist man immer noch 6362 Kilometer vom Mittelpunkt der Erde entfernt. Und die Reise dorthin, die Jules Verne in einem seiner Bücher beschrieb, wird Forschern noch lange verwehrt bleiben.

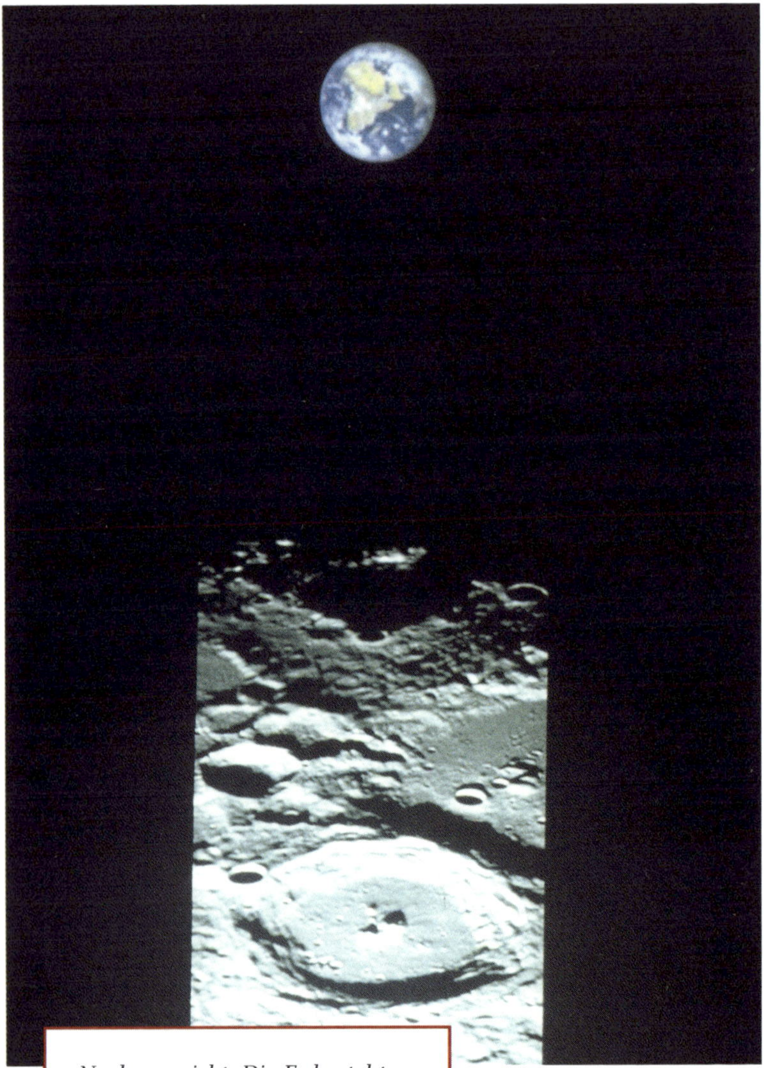

Narbengesicht: Die Erde steht über dem von Einschlagskratern gezeichneten Nordpol des Mondes. Auch unser Planet ist seit Jahrmilliarden Zielscheibe von Asteroiden.

Dabei gäbe es bei dieser Reise viel zu entdecken und so manchen Schatz zu heben. Der Erdkern verwahrt unter anderem sämtliches Gold, das unserem frischgebackenen Planeten vor viereinhalb Milliarden Jahren als Mitgift auf den Weg gegeben wurde. Es liegt im Innern der Erde in Eisenketten.

Das Gold, das wir heute in Lagerstätten finden und zu Schmuckstücken verarbeiten, nimmt sich daneben wie ein armseliges Häuflein aus. Es ist erst später auf die Erde gekommen. Meteoriten haben es im Laufe der Zeit hierher gebracht. Sie haben nach und nach die wenigen Minen angefüllt, aus deren Gestein wir das Gold heute mit giftigem Quecksilber oder Cyanid herauslösen.

Ohne die Fracht der Meteoriten wären wir noch um einiges ärmer. Denn schon während der Erdball erstarrte, der vor viereinhalb Milliarden Jahren durch und durch geschmolzen war, trennten sich die Elemente: Alles, was leicht war wie Quarz oder Feldspat, wanderte nach oben und bildete mit der Zeit eine dicke Kruste, die Kontinente, auf denen wir heute leben. Das schwere, reichlich vorhandene Eisen dagegen, das etwa ein Drittel der Gesamtmasse der Erde ausmacht, sank hinab. Es sammelte sich tausende Kilometer tief im Erdkern und riß dabei alles Gold mit nach unten. So verschwand das ursprüngliche Gold der Erde in dessen unerreichbarem Kern.

Lange Zeit herrschte unter den Gelehrten Ungewißheit darüber, ob tatsächlich alles Gold und mit ihm auch die anderen metalliebenden Stoffe wie Platin, Palladium oder Iridium vor viereinhalb Milliarden Jahren ins Zentrum der Erde hinabtauchten oder nur ein Teil davon. Es wäre auch denkbar, daß diese Substanzen auf dem Weg nach unten in der zähen Siliziumschmelze des Erdmantels steckengeblieben sind.

Astrid Holzheid von der Universität Münster ist auf den Spuren des Goldes ein beachtliches Stück ins Erdinnere vorgedrungen. Die Mineralogin zog sich zusammen mit anderen Wissenschaftlern in ein Laboratorium zurück und schaute in das Herz einer selbstgegossenen Erdkugel hinein.

Sie nahm dazu winzige Eisenbecher und füllte sie mit Siliziumgestein. Diesem Gestein mischte sie auch kleine Mengen metalliebender Stoffe wie Platin bei. Anschließend setzte sie die gutgefüllten Eisenbecher in Stempelzylinder- und Vielstempelpressen. Unter höchstem Druck und steigender Temperatur schmolz das Siliziumgestein. Es wurde so heiß und dicht wie in unserer Erde in vielen hundert Kilometern Tiefe.

Nun erkannte die junge Wissenschaftlerin, daß die metalliebenden Stoffe ihren Namen zu Recht tragen: Auch unter höchsten Druck sind sie nicht geneigt, sich mit der schnöden Siliziumschmelze zu verbinden. Sie vermischen sich statt dessen vorzugsweise mit Eisen und Nickel.

Vor viereinhalb Milliarden Jahren haben sie sich vermutlich ähnlich verhalten wie heute im Labor. In den kleinen heißen Spielbällen der Forschung spiegelt sich daher ein Stück weit die Entstehungsgeschichte der Erde. Die Experimente legen nahe, daß nahezu alles Gold damals mit dem Eisen-Magma im Kern versunken ist, anstatt sich im Erdmantel festzusetzen.

Doch der Zugang zu den Reichtümern war damit nicht für immer verriegelt. Seit der Entstehung des Erdkerns haben Meteoriten ständig neues Gold nachgeliefert. Besonders in den ersten 700 Millionen Jahren der Erdgeschichte fielen Meteoriten viel häufiger auf die Erde als heute. Seinen Höhepunkt muß der Goldhagel vor etwa 3,8 Milliarden Jahren überschritten haben. Und es ist in dieser turbulenten Anfangszeit gerade so viel Gold vom Himmel auf die Erde gefallen, daß die Kassen der Juweliere noch heute klingeln.

Das Gold konnte nun nicht mehr zum Erdkern hinabsinken. Es blieb nun in den oberen, inzwischen erkalteten Erdschichten und im Erdmantel stecken. Die Indizien dafür können Wissenschaftler im Gestein ablesen. Die himmlischen Brocken enthalten nicht nur kleine Mengen Gold und Platin, Palladium und Iridium. Die Konzentrationen dieser Substanzen stehen zueinander im selben Verhältnis, in dem diese Häufigkeiten auch im Erdmantel zu finden sind.

Das meiste Gold aber verwahrt die Erde tief unten im Kern. »Wenn wir den Erdkern anzapfen könnten, würden die Goldpreise schnell fallen«, sagt Astrid Holzheid. Von den Schätzen der Urerde sind wir allerdings noch rund 6360 Kilometer weit entfernt.

Kapitel VI
Frost

Ein Stein vom Mars:
Der Meteorit ALH84001 ist vor 4,5 Milliarden Jahren auf dem roten Planeten entstanden und erst in jüngster Vergangenheit zur Erde gelangt.

18. Weihnachten auf dem Eis

Roberta Score hatte noch nie so viel Weiß gesehen. Mit ihrem Schneemobil fuhr sie über ein Meer aus Eiskristallen. Es war ein glitzernder Ozean ohne jede Kontur. Kein Berg, nicht einmal eine Anhöhe, an der sie sich in dieser schier unendlichen Polarebene hätte orientieren können, das Camp war längst außer Sichtweite.

Langsam glitt der Schlitten über den frostigen Untergrund. Manchmal fühlte sie ein sanftes Holpern, kleine Rillen, die der unablässige Wind ins Eis gezeichnet hatte. Ihr Blick verlor sich im antarktischen Eisgeflimmer dieses hellen Dezembertages.

Einige meterhohe Eiszinnen weckten ihre Aufmerksamkeit. Schon oft hatten ihr Kollegen von diesen spitzen Türmen erzählt, schon oft hatte sie davon geträumt, selbst einmal diese bizarre Landschaft zu sehen. Jetzt plusterte der Wind ihre dicke Jacke auf. Das Labor in Houston, in dem sie seit sechs Jahren die Steine analysierte, die andere zuvor in der Antarktis gefunden hatten, war weit weg.

Sie richtete ihren Blick wieder auf die Eisfläche, und mit einem Mal, als sei ihr ein Fremdkörper ins Auge geraten, wurden die Bewegungen ihrer Lider rascher. Sie bremste ab.

Vor ihr lag ein Stein, dessen Gestalt und Kolorit sie in der Mittagssonne nicht recht ausmachen konnte. Er hatte einen grünen Schimmer, und sie glaubte auf den ersten Blick zu erkennen, daß dies kein Stein wie all die anderen war, die sie während der Weihnachtstage bereits auf den Eisfeldern von Allan Hills aufgelesen hatte. Mit diesem Stein hatte es etwas Besonderes auf sich.

Sie zog ihre Handschuhe aus, legte eine Tüte über den nicht einmal faustgroßen Stein und ließ ihn vorsichtig hineingleiten. Dann versiegelte sie den Plastikbeutel und bestieg erneut ihr Schneemobil.

»Wartet nur, bis ihr diesen Stein seht«, sagte Roberta Score abends im Camp zu Bill Cassidy und den anderen ungläubig dreinschauenden Kollegen. Sie lachte. Es war ihre erste Reise in die Antarktis, und die Sonne würde auch in dieser Nacht nicht untergehen.

Sieben Wochen lang blieb sie in der Antarktis, in die sie später immer wieder zurückkehren sollte. Mit ihrer Abfahrt ging auch der von ihr entdeckte Stein auf Reisen. Er kam zusammen mit anderen antarktischen Fundstücken in eine Tiefkühlkiste und gelangte so in die Meteoriten-Sammlung des Johnson Space Centers in Houston.

Dort lag er einige Jahre lang herum und ließ sich nicht in das gängige System einordnen, bis David Mittlefehldt seine außergewöhnliche Herkunft schließlich mit mikroskopischem Blick aus ihm herauslas: Der 1984 in Allan Hills aufgelesene Brocken mit der Aufschrift ALH84001 war ein Stein vom Mars. Und er hatte ein hohes Alter. Er war, wie andere Forscher bald bestätigen sollten, der mit Abstand älteste Marsmeteorit, der bis dato auf Erden gefunden worden war.

Viereinhalb Milliarden Jahre reichte die Geschichte dieses Steins zurück. Er war damit fast so alt wie der Mars selbst und hatte sich in jenem Magma gebildet, das damals auf unserem soeben entstandenen Nachbarplaneten noch reichlich geflossen war. Ein derart urzeitliches Bruchstück eines Planeten hatten Geologen noch nie in ihren Händen gehalten.

ALH84001 kam unters Messer. Kleine Proben des Meteoriten gingen von Labor zu Labor. Die Forscher sicherten zunächst die Spuren aus der jüngsten Geschichte des Gesteins: Der Stein war vor etwa 15 Millionen Jahren aus der Oberfläche des Mars herauskatapultiert worden, höchstwahrscheinlich durch einen recht großen auftreffenden Himmelskörper. Dann war der Meteorit im Weltall herumgeirrt und vor 13 000 Jahren auf die Erde gefallen.

Eine abenteuerliche Reise. Und in diese Folge wunderlicher Ereignisse hatte sich ein weiteres eingereiht: Roberta Score hatte den Stein vom Mars in den Weiten des Polareises gefunden, eine kleine grün-graue, knapp zwei Kilogramm schwere Kartoffel mitten im ewigen Frost.

Roberta Score hatte in der richtigen Gegend nach ihm gefahndet. Es war bekannt, daß Meteoriten in diesem Teil der Antarktis besonders häufig anzutreffen waren. Wie Anfang der siebziger Jahre ruchbar wurde, war die Region eine außergewöhnliche Schatzgrube himmlischen Gesteins. So hatten Forscher in den Allan Hills schon drei Jahre zuvor ein Bröckchen Mondgestein geborgen, einen nur 32 Gramm schweren Meteoriten.

Anderswo in der Antarktis konnte man hingegen kaum auf derart bedeutende Funde hoffen. Denn alle Meteoriten, die im Laufe der Zeit auf den riesigen Kontinent fallen, versinken für gewöhnlich rasch in Schnee und Eis und gehen auf Wanderschaft.

Das Eis ist ständig in Bewegung. Es fließt von der Mitte des Polargebiets, wo es mit vier Kilometern Dicke am mächtigsten ist und seine Masse am stärksten nach unten drückt, langsam zu den Rändern hin. So treibt das im Landesinnern gebildete Eis schließlich zum Meer hinaus. Und mit ihm verschwinden auch die meisten antarktischen Meteoriten irgendwann in den Tiefen des Ozeans.

Mancherorts wird dieser Fluß jedoch durch kleine Erhebungen des Kontinents aufgehalten. Vor solchen Gebirgsbarrieren stauen sich das Eis und die darin eingeschlossenen Meteoriten auf. Es türmt sich dort indes nicht immer höher auf, weil die stürmischen Polarwinde und die Sonnenstrahlen das Eis an der Oberfläche Schicht für Schicht abtragen. So verschwinden Jahr für Jahr die obersten sechs bis sieben Zentimeter Eis. Gleichzeitig tauchen die gut konservierten Meteoriten wieder aus der Eiskammer auf und gelangen ans Tageslicht.

Vor allem amerikanische und japanische Forscher haben

bislang mehr als 25 000 Meteoriten in solchen Sammelbecken gefunden. Die Suchtrupps brechen immer wieder zu der kräftezehrenden Tour durchs ewige Eis auf, die bei der amerikanischen Weltraumbehörde NASA auch als »Houston-Schlankheitskur« bespöttelt wird. So hat David Mittlefehldt bei seiner ersten Reise in die Antarktis mehr als zehn Kilogramm abgenommen. »Nicht ganz unbeabsichtigt!«, sagt er und schlägt sich auf den Bauch.

Er ist schon etliche Male mit einer Forschergruppe über das Eis gefahren. Auf dem weißen Untergrund sind selbst kleine Meteoriten gut zu erkennen. Die meisten bisher gefundenen Steine sind in den vergangenen 100 000 Jahren im Eis eingeschlagen – ein stattlicher Haufen kosmischer Trümmer aus einer vergleichsweise kurzen erdgeschichtlichen Epoche. 25 000 Meteoriten – die Zahl läßt erahnen, wieviel Gestein im Weltraum herumfliegt und hier und dort, meist unbemerkt, auf die Erde fällt.

Roberta Score hatte allerdings eine besondere Entdeckung gemacht: Der Mars hatte ihr einen seiner ältesten Steine zugeworfen. Und nun halfen ihr andere Forscher, die Geschichte dieses Meteoriten zu entziffern. Was sich auch immer in den vergangenen 4,5 Milliarden Jahren auf dem Mars ereignet haben sollte, es hatte womöglich Spuren in diesem Meteoriten hinterlassen.

19. Ein Stein für Weise

Zeig mir dein, was es auch sei,
und ich sage dir, wer du warst.
Ein Boden von etwas, ein Deckel für etwas.
Ein Splitter vom Triebwerk. Ein Bildröhrenhals.
Ein Stückchen Kabel. Verstreute Fingerknochen.
Es kann auch weniger, noch viel weniger sein.

Nach einer Methode, die du damals
noch nicht kennen konntest,
vermag ich das Gedächtnis zu wecken
in zahllosen Elementen.

(Wisława Szymborska)

Das Gedächtnis des Steins ALH84001 reicht 4,5 Milliarden Jahre zurück. David McKay und sein Forscherteam brachten immer neue Fragmente dieser Vergangenheit an die Oberfläche. Sie trennten die Bruchstücke des Mars-Meteoriten mit Diamantsägen auf, bedampften die Schnittflächen mit Gold und legten sie unters Raster-Elektronenmikroskop. Sie badeten die Proben in Säure und zerlegten sie in ihre chemischen Verbindungen. Sie beschossen das Gestein mit Laserstrahlen, lösten Schicht für Schicht ab, ionisierten den entstandenen Dampf mit einem zweiten Laser und sortierten die einzelnen Atome der Größe nach im Massenspektrometer.

In den Labors der amerikanischen Weltraumbehörde NASA gewann McKay detaillierte Innenansichten eines Steins, der auch für ihn zunächst kaum mehr gewesen war als ein grauer Klotz. Aber der Forscher verfügte über geeignete technische Apparaturen, um aus den Kristallen zu lesen, über vielschichtige Vermittler zwischen seinen Sinnen und einem immer kleiner werdenden mineralischen Kosmos.

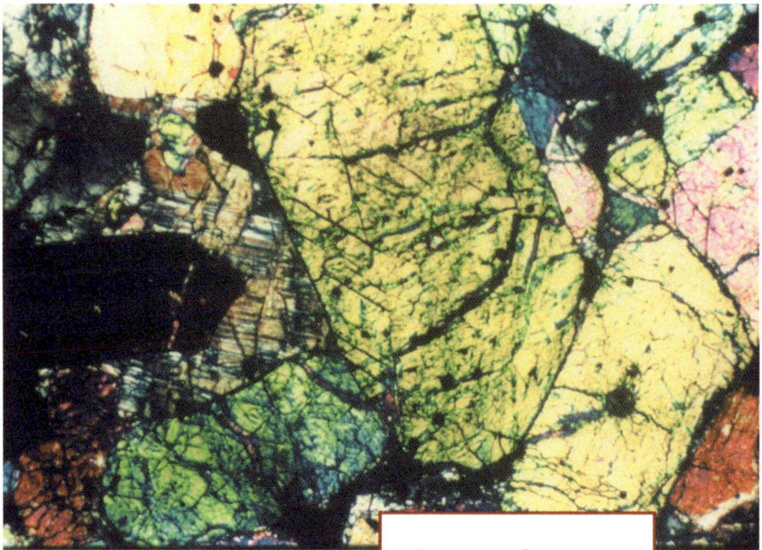

Spurensuche: Aus mikroskopischen Innenansichten von Mars-Meteoriten wie diesem können Forscher viel über den Aufbau unseres Nachbarplaneten erfahren.

Sein Auge drang in kleinste Dimensionen vor. So fein wie der Durchmesser eines menschlichen Haares waren die kalkartigen Verbindungen, die der Wissenschaftler überall in dem Mars-Meteoriten vorfand. Die Herkunft dieser Karbonat-Kügelchen war rätselhaft. Auf der Erde entstehen Karbonate meist in Wasser. Sollte dieses Urgestein einst in den Wassern des Mars gebadet haben?

McKay schaute in die sonderbaren Karbonate hinein und entdeckte immer neue Details. An den Rändern der Kügelchen stieß er auf eiförmige und längliche, wurmartige Strukturen. Ihre Umrisse erinnerten McKay an Mikrofossilien, an versteinerte Kleinstlebewesen. Sie waren allerdings noch viel kleiner als alle bis dato bekannten irdischen Bakterien.

Die winzigen Gebilde konnten Überreste von Organismen sein, die den Mars in der Frühzeit besiedelt hatten. Dann wären die ersten Mikroben im Sonnensystem möglicherweise auf dem Mars entstanden und nicht auf unserer Erde. Vielleicht waren sie sogar einst von dort, eingeschlossen in Meteoriten, zur Erde gelangt.

In den Karbonat-Kügelchen gab es noch mehr Hinweise auf frühere Lebewesen. Zum Beispiel fanden die Wissenschaftler darin polyzyklische aromatische Kohlenwasserstoffe. Solche Moleküle bilden sich unter anderem, wenn Mikroben absterben und zerfallen.

Des weiteren bargen die Karbonate magnetische Minerale wie Eisenoxid und Eisensulfid. Mit derartigen Magneten sind auch Bakterien auf der Erde ausgestattet. Die Bakterien orientieren sich mit Hilfe der Mineralkörnchen im Magnetfeld der Erde.

Die Indizien waren zahlreich. Sie kamen alle aus einem winzigen Kosmos, aus dem engstem Umfeld der vermeintlichen Mikrofossilien. Bis zum Sommer 1996 konzentrierten sich die zusammengetragenen Befunde zu einer spektakulären These. Innerhalb von 24 Stunden lief sie als Schlagzeile um die ganze Welt: »NASA-Forscher entdecken urzeitliches Leben auf dem Mars!«

Sie verfehlte ihre Wirkung nicht. Sie riß vor allem all jene Geister aus dem Schlafe, die schon früher mit der Vorstellung von Marslebewesen gespielt hatten, mit Aliens und grünen Männchen. Die Evolution war ja bereits bekannt dafür, seltsame Pfade einzuschlagen. Warum sollte sie die Keime des Lebens nicht weit in unserem Sonnensystem verstreut haben?

Die rote Oberfläche des Mars konnte ehemals ein fruchtbarer Boden für solche Keime gewesen sein. Das Innenleben des Meteoriten paßte jedenfalls zu dem Bild, das sich etliche Wissenschaftler von unserem Nachbarplaneten machen. Sie glauben, aus den zahlreichen Satelliten-Aufnahmen vom Mars eine Vergangenheit rekonstruieren zu können, die von Ozeanen und einem warmen und feuchten Klima geprägt war.

Was McKay nun vorlegte, ging weit über solche Vorstellungen hinaus. Die spektakuläre These vom urzeitlichen Leben auf dem Mars stand allerdings auf einem dünnen Sockel: auf einem zwei Kilogramm schweren Stein, der in der Vergangenheit allerhand erlebt hatte.

In der Antarktis konnten sich irdische Bakterien darin eingenistet haben. Oder war der Meteorit vielleicht im Labor verunreinigt worden? Möglicherweise gab es die Mikrofossilien auch gar nicht, und McKay hatte sich von der Schönheit einer bis dahin unbekannten Formenwelt des Mikrokosmos blenden lassen. All diese Konturen und Stoffe hatten sich – unter geeigneten chemischen Bedingungen – vielleicht auch ohne jede Einwirkung von Lebewesen gebildet. Wie wollte man in derart winzigen Dimensionen versteinerte Würmer von einem Haufen lebloser Spaghetti unterscheiden?

An der Mars-Kartoffel konnte allerhand faul sein. Die ganze Skepsis, für die Wissenschaftler zu Recht berühmt sind, begegnete McKay von seiten seiner Kollegen mit voller Wucht: Den meisten von ihnen erschienen die Schlußfolgerungen zumindest voreilig.

Obwohl der NASA-Experte der anerkannten wissenschaftlichen Methode gefolgt war, hatte er den Stein anscheinend mit einem zunehmend lebendigen Funkeln in den Augen betrachtet. Nun wollten seine Kollegen mit derselben Methode prüfen, ob das Innere des Meteoriten mit der Hypothese eines seit jeher völlig leblosen Planeten Mars nicht ebenso verträglich war.

Fünf Jahre lang klopften Meteoritenforscher die Ergebnisse allerorten ab, eine Aufgabe, die innerhalb der Fachwelt auf lange Sicht hin mehr Ruhm einbringen konnte als ein lärmender Presseauftritt. Sie monierten unter anderem, daß die polyzyklischen aromatischen Kohlenwasserstoffe nicht von abgestorbenen Mikroben herrührten. Die Moleküle, die auf der Erde aus jedem Dieselauspuff austreten, seien erst nachträglich in den Stein gelangt. Der Meteorit sei schlichtweg mit irdischen Stoffen kontaminiert.

Vielleicht, so vermutete etwa der deutsche Meteoritenforscher Elmar K. Jessberger von der Universität Münster, hatte Roberta Score den Motor ihres Schneemobils zu lange laufen lassen. Denn die Kohlenwasserstoffe saßen in dem Stein genau dort, wo auch irdisches Blei zu finden war. Das Ganze roch stark nach Diesel.

Während McKay seine Position weiter verteidigte, brachte auch die Gegenseite eine Reihe von Indizien für ihre Position vor. Dann ebbte das Interesse an der Debatte langsam ab. Man wandte sich wieder von ALH84001 ab und anderen Steinen zu.

Die jahrelange Diskussion um den Meteoriten hat uns indessen einmal mehr vor Augen geführt, daß auch Wissenschaftler nicht unvoreingenommen sind und daß es eine Objektivität im Sinne einer »reinen Wahrnehmung« nicht gibt. Etwas »zu finden wünschen« und eine Meinung zu verfechten sind, im Gegenteil, oft wichtige Antriebe für wissenschaftliche Erkenntnis. Die Forscher verteidigen ihre Denkkategorien mit Leidenschaft, und wer etwas Neues vorbringt, muß sich mit schlagkräftigen Argumenten wappnen.

ALH84001 hat eine Kontroverse ausgelöst, die bis heute ungeklärt ist. Ein 4,5 Milliarden Jahre alter Meteorit kann, für sich genommen, weder als Beweisstück für urzeitliches Leben auf dem Mars gelten noch als Beleg für einen seit jeher toten Planeten. McKay und die anderen Meteoritenforscher müssen in neuen Mars-Meteoriten oder auf dem Mars selbst nach weiteren Beweismitteln suchen. Einstweilen bleibt ihnen wieder einmal nur das zu tun, was Galileo Galilei in Bertolt Brechts Theaterstück folgendermaßen formuliert: »Ja, wir werden alles, alles noch einmal in Frage stellen. Und wir werden nicht mit Siebenmeilenstiefeln vorwärts gehen, sondern im Schneckentempo. Und was wir heute finden, werden wir morgen von der Tafel streichen und erst wieder anschreiben, wenn wir es noch einmal gefunden haben. Und was wir zu finden wünschen, das werden wir, gefunden, mit besonderem Mißtrauen ansehen ... Sollte uns dann aber jede andere Annahme als diese unter den Händen zerronnen sein, dann keine Gnade mehr mit denen, die nicht geforscht haben und doch reden.«

20. Luftblasen

Etwa jeder tausendste Meteorit, der auf die Erde fällt, ist ein Stein vom Mars. So unwahrscheinlich es den Wissenschaftlern zunächst erschien – es gibt seit jeher einen regen Austausch zwischen den beiden Planeten, obwohl sie selbst bei günstiger Konstellation der Gestirne noch 56 Millionen Kilometer weit auseinanderliegen. Seit Bestehen des Sonnensystems sind Steine von hüben nach drüben geflogen und haben dem Nachbarplaneten fremde Güter gebracht.

Die letzten Zweifel daran hat – zu seiner eigenen Verblüffung – Donald Bogard ausgeräumt, einer von 13 000 Wissenschaftlern und Technikern im Johnson Space Center der NASA. 1968 kam er nach Houston, kurz bevor amerikanische Astronauten auf dem Mond landeten und Steine von dort zurück zur Erde brachten. Donald Bogard baute zusammen mit seinen Kollegen ein Forschungslabor auf, um diese Steine zu analysieren.

Aber schon seit mehr als 30 Jahren fliegen keine Menschen mehr zum Mond. Und so studiert Donald Bogard inzwischen nicht mehr die Mitbringsel von Astronauten, sondern all das, was ohne unser Zutun aus dem All zur Erde kommt: Meteoriten.

Nach den Flügen der Apollo-Astronauten durchstöberten Bogard und seine Kollegen die ganze Meteoritensammlung der NASA. Sie hofften, unter den Steinen vielleicht ein Bruchstück des Mondes finden zu können. Aber der mühsame Vergleich der Meteoriten mit den auf dem Mond aufgesammelten Bodenproben brachte vorerst keinen Mondmeteoriten zum Vorschein.

Nach dieser vergeblichen Suche setzte sich bald die Meinung durch, kein Stein könne den Mond je verlassen und

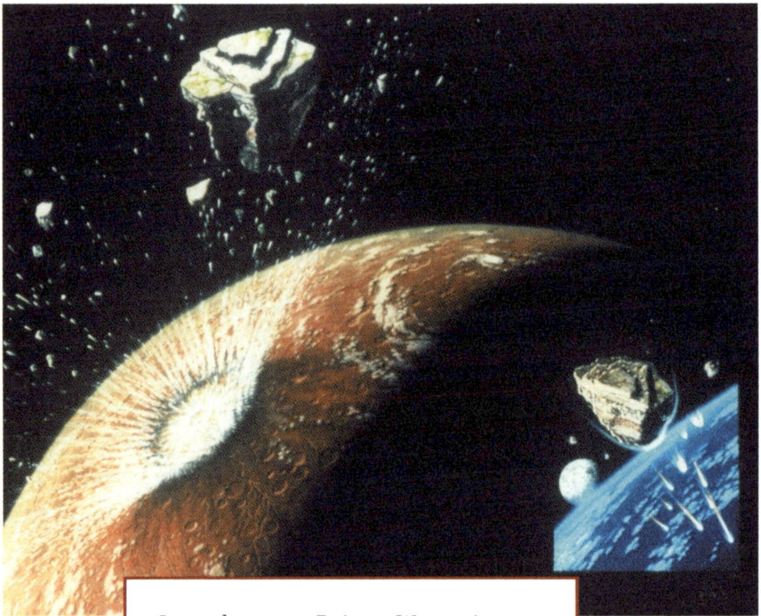

Interplanetare Reisen: Wenn ein größerer Gesteinsbrocken auf dem Mars einschlägt, können Trümmer in den Weltraum katapultiert werden und zur Erde gelangen.

die Anziehungskraft des Himmelskörpers überwinden – und erst recht nicht den Mars oder die Venus, deren Schwerkraft noch um ein Vielfaches größer ist. Die Wissenschaftler sollten ihre Ansichten aber einige Jahre später wieder ändern, denn 1982 machte Donald Bogard die Entdeckung seines Lebens, als er den Meteoriten EETA79001 unter die Lupe nahm.

Der kostbare Stein liegt in Gebäude 31 des Johnson Space Center sicher verschlossen in einer Metallkiste. Um einen Blick auf ihn werfen zu können, muß man sich blaue Plastikschuhe, einen weißen Kittel und ein weißes Häubchen überziehen. Dann bläst eine kräftige Luftdusche den womöglich von draußen mitgebrachten Staub weg, und eine Metalltür gibt den Weg zur Meteoritensammlung frei.

In der Schatzkammer ist von den vielen tausend Meteoriten der NASA allerdings nicht viel zu sehen – bis auf vier oder fünf Steinchen, die in riesigen Glasvitrinen von reinem, trockenem Stickstoff umströmt werden. Auf den Tischen stehen verschiedene Mikroskope, liegen Pinzetten und Schälchen wie das Besteck eines Chirurgen säuberlich nebeneinander. Die Meteoriten dagegen lagern, in Tütchen eingeschweißt, in großen Kühltruhen und Stahlbehältern: Wackersteine aus dem Weltall so groß wie Gullydeckel und kosmische Kiesel kleiner als eine Erbse.

Der Meteorit EETA79001 ist faustgroß und schwarzbraun gefleckt. Er ist vulkanischen Ursprungs und entstand vor »nur« etwa 180 Millionen Jahren aus Magma. Schon diese Datierung ließ vermuten, daß er von einem großen Himmelskörper stammt, auf dem es noch bis in die jüngere Vergangenheit hinein Vulkanismus gegeben hat.

In dem Meteoriten fanden die Forscher einige Glaseinschlüsse, und Donald Bogard wollte herausfinden, wann sich das Glas gebildet hatte, denn vielleicht konnte er so etwas über die Geschichte des Steins erfahren. Vorsichtig erhitzte er die Glaspartikel und schaute sich das Gas an, das nach und nach daraus entwich. Die Ergebnisse verwirrten ihn, die Zusammensetzung des Gases war für Gestein völlig untypisch, und bald stellte er auch fest, warum: Der Stein enthielt winzige Luftbläschen.

Wer einmal einem Glasbläser bei der Arbeit zugeschaut hat, der hat vielleicht beobachtet, daß Luft in Glas eingeschlossen wird, wenn die heiße Glasschmelze sehr rasch abkühlt. Ähnliches kann passieren, wenn auf einem Himmelskörper die Oberfläche plötzlich erhitzt wird, das Gestein zu Glas schmilzt und anschließend schnell erkaltet. Die Luftbläschen im Glas umschließen dann das Gas der Umgebung, also der Atmosphäre des Himmelskörpers.

Donald Bogard konnte die Herkunft der Luftbläschen in dem Meteoriten EETA79001 eindeutig bestimmen. »Es war Luft aus der Marsatmosphäre«, sagt er. Die Luft hatte dieselbe chemische Zusammensetzung, die die »Viking«-Raumsonden einige Jahre zuvor gemessen hatten, nachdem sie auf dem Mars gelandet waren und ihre Fühler in den Wind ausgestreckt hatten. Insbesondere das Vorkommen der verschiedenen Spielarten der Edelgase Argon, Krypton und Xenon ließ keine andere Deutung zu.

Der Meteorit EETA79001 war der erste zweifelsfrei als solcher identifizierte Marsmeteorit. Durch einen Asteroideneinschlag war er aus der Oberfläche des Roten Planeten abgesprengt und dabei kurzfristig so stark zusammengedrückt und aufgeheizt worden, daß er an manchen Stellen zu Glas geschmolzen war.

Etliche andere Meteoriten enthalten ähnliche Luftbläschen, und in den achtziger und neunziger Jahren entdeckten Bogard und andere Wissenschaftler 25 Marsmeteoriten – und, nebenbei bemerkt, etwa genauso viele Mondmeteoriten. Sie alle sind Zeugnisse eines lebhaften Pendelverkehrs zwischen den Himmelskörpern unseres Sonnensystems. Berechnungen haben ergeben, daß seit Bestehen der Erde mehrere Millionen Meteoriten vom Mars zur Erde gelangt sind und einige tausend die Reise in umgekehrter Richtung gemacht haben.

Jeder dieser Meteoriten ist ein kleines Raumschiff, das Platz für blinde Passagiere bietet.

So haben sicherlich schon viele genügsame Lebewesen, Mikroorganismen, die überall im Boden zu Hause sind, eingeschlossen in Gestein, ihren Weg von der Erde aus in den Weltraum gefunden. Experimente an Bord der »Long Duration Exposure Facility« der NASA oder auf dem russischen »Foton«-Satelliten zeigen, daß einige Mikroben einen langen Weltraumflug überleben können. Sporen des Bakteriums Bacillus subtilis zum Beispiel trotzen vielen Umweltgefahren, die im Weltall auf sie warten, bereits, wenn sie Schutz in einem nur zuckerwürfelgroßen Meteoriten finden. Nach Auffassung einiger Weltraumexperten wie Gerda Horneck vom Deutschen Zentrum für Luft- und Raumfahrt ist es daher durchaus möglich, daß sich Lebewesen, geborgen in Meteoriten, im Kosmos verbreiten.

Es ist auch nicht auszuschließen, daß Mikroorganismen im Schutz des Gesteins von anderswo auf die Erde kommen oder gekommen sind. Das Leben könnte auch in einer anderen Region des Sonnensystems entstanden sein und erst später die Erde erobert haben. Es könnte sich etwa zuerst auf dem kleineren Planeten Mars entwickelt haben, der nach seiner heißen Entstehung schneller abkühlte als die Erde und vielleicht in der Vergangenheit einmal noch günstigere Lebensbedingungen bot als unser Planet.

Die Spekulationen darüber, daß Meteoriten das Leben im Weltall aussäen könnten wie der Wind den Samen, sind in der Forschung als Theorie der »Panspermie« bekannt. Sie hat durch Bogards Entdeckung enormen Aufwind bekommen und das Interesse an Meteoriten aufleben lassen. Zur Freude der Planetenforscher, denn sie können durch die Meteoriten sehr viel über den Aufbau und die Geschichte der Asteroiden, des Mondes und des Mars lernen.

Schicht für Schicht: Entlang des Mars-Äquators zeigen sich in den 4000 Kilometer langen Schluchten der Valles Marineris bizarre Landschaften.

21. Felsmalereien

Das Bergland von Tassili N'Ajjer liegt mitten in der Sahara. Die Wüstenregion ist fast menschenleer. Doch auf dem Weg durch die trostlose Ödnis stößt man auf Höhlen mit prähistorischen Darstellungen von Büffeln und Antilopen, Elefanten und Flußpferden, Fischern und Jägern. Die Felsmalereien sind viele tausend Jahre alt. Sie entstanden in einer Zeit, als die Sahara noch grün war und eine reiche Tier- und Pflanzenwelt ihre Bewohner ernährte.

Innerhalb weniger tausend Jahre hat sich das Klima im Norden Afrikas völlig gewandelt. Und das Erstaunliche dabei ist, daß die scheinbar gleichbleibende Bewegung der Erde um die Sonne an den Veränderungen mitgewirkt hat. Kleine Schwankungen der Erdbahn und eine allmählich sich ändernde Neigung der Erdachse haben dazu beigetragen, daß sich der Sommermonsun abschwächte und immer weniger Regen in die Sahara brachte. Heute fallen in der Gesteinswüste von Tassili N'Ajjer allenfalls noch einige Millimeter Regen im Jahr. Die Höhlenmalereien gehören zu den wenigen Zeugnissen, die noch an das andere Gesicht der Sahara erinnern.

In der Geschichte der Erde hat es des öfteren solch abrupte Klimaveränderungen gegeben. Mitunter hatten sie nur regionale Auswirkungen, dann aber erfaßten sie den ganzen Globus und hüllten ihn in Eis und Schnee.

Um ein Vielfaches stärker als auf der Erde müssen die Klimaschwankungen auf unserem Nachbarplaneten Mars gewesen sein, der auf seinem dauernden Ritt um die Sonne nicht ganz so fest im Sattel sitzt wie die Erde. Obwohl der Mars heute trocken und kalt ist, sagen ihm viele Wissenschaftler eine feuchte und warme Vergangenheit nach, die vier Milliarden Jahre zurückliegt. Aber zunächst rechnete kaum jemand damit, heute noch etwas den Felsmalereien Vergleichbares auf dem Mars zu finden.

Und doch sind sich Planetenforscher sicher, im Marsboden hier und da solche »Zeichnungen« entdeckt zu haben: breite und weit verzweigte Kanäle, durch die einst Wasser geflossen ist. Manche Wissenschaftler meinen sogar, auf der Nordhalbkugel die Ufer eines uralten Mars-Ozeans ausmachen zu können.

Die vermeintlichen Wasserfreuden können jedoch allenfalls von kurzer Dauer gewesen sein. Schon lange weht auf dem Mars ein so kaltes und dünnes Lüftchen, daß alles Wasser entweder sofort gefriert oder verdampft und ins Weltall entweicht. Am Äquator zeigt das Thermometer im Tagesmittel minus 60 Grad Celsius an. An den Polen fallen die Temperaturen gelegentlich sogar unter minus 120 Grad.

Das Nordpolargebiet des Mars dehnt sich tausend Kilometer weit aus und ist völlig vereist. Dort liegen etwa fünf Prozent jener Eismassen, die auf unserer Erde die Antarktis bedecken.

Weiter von den Polen entfernt ist kein Eis mehr an der Oberfläche zu sehen. Der Frost hat sich in den Boden zurückgezogen, und das Eis hat sich im Untergrund mit Staub und Gestein vermischt. Im Jahr 2002 konnte die amerikanische Weltraumsonde »Mars-Odyssee« diese unterirdischen Eisvorräte bis hinab zum 50. Breitengrad verfolgen. Näher am Äquator entschwindet das Eis in große, bislang unerforschte Tiefen.

Trotzdem schießt selbst dort gelegentlich Wasser explosionsartig an die Oberfläche, zum Beispiel in dem Gebiet Elysium Planitia, 9 Grad nördlich des Äquators.

Eine tiefe Schlucht durchschneidet die elysische Landschaft: der Cerberus-Graben. Aus dieser Spalte trat vor nicht allzu langer Zeit Lava aus. Der heiße Lavastrom schmolz das in tiefen Schichten liegende Eis auf, große Wassermassen stiegen mit einem Mal in die Höhe und überfluteten die Gegend. Ein 20 Kilometer breites Flußbett zeugt noch heute von der heftigen Eruption. Es hat sich in Richtung Südwesten gegraben. Mitten in dem ausgetrockneten Wasserlauf liegen mehrere exakt stromlinienförmige Inseln.

»Der Abfluß ist für Marsverhältnisse sehr jung«, erklärt Alfred S. McEwen, Direktor des Planeten-Bildlabors an der Universität von Arizona in Tucson. »Er muß irgendwann innerhalb der vergangenen zehn Millionen Jahre entstanden sein.«

Auf den Satellitenaufnahmen erscheint das Flußbett glatt und nahezu unberührt, hingegen ist der Boden der Inseln und der Uferlandschaft älter. Einfallende Meteoriten haben dort über lange Zeiträume hinweg kleine und große Krater hinterlassen, die teilweise bereits erodiert sind.

Es gibt auf dem Mars viele derartige Wasseradern. Oft liegen sie an den Flanken von Vulkanen. Sie könnten auf ähnliche Weise entstanden sein wie das ausgesprochen junge und gut erhaltene Flußbett am Cerberus-Graben. Mancherorts ist das aufschießende Wasser womöglich gar nicht bis an die Oberfläche gekommen, sondern unterirdisch abgeflossen, um Canyons und Schluchten zu bilden.

In einigen sehr alten Marsgegenden sind die Täler allerdings weit verzweigt. Das Wasser ist dort offenbar über längere Zeit hinweg geflossen. Nach Ansicht einiger amerikanischer Wissenschaftler könnte vor dreieinhalb oder vier Milliarden Jahren auf dem Mars vielleicht sogar ein ganzes Netz aus Wasserläufen, Seen und Meeren existiert haben. Sie glauben, die Rinnen, Sedimentablagerungen und Gestade eines solch alten Netzwerks noch heute auf den Satellitenfotos zu erkennen.

Von diesen Wasserspuren abgesehen hat der Mars nur wenig, was ihn als ehemals belebten Planeten erscheinen ließe. Daher suchen die Forscher auch jenseits der Satellitenbilder nach Hinweisen auf eine feuchte und warme Vergangenheit.

Sie haben Klimaberechnungen angestellt, denen zufolge der Mars anfänglich noch lebensfreundlicher gewesen sein könnte als die Erde. Temperaturen bis 25 Grad Celsius wären durchaus denkbar. Denn womöglich lag einst eine Wolkendecke aus Kohlendioxid-Eis wie ein Glasdach über dem Planeten und machte den Mars zum Treibhaus. Solche Wolken aus vergleichsweise großen Eispartikeln hätten auch die Ultraviolettstrahlung der Sonne sehr gut abgeschirmt. Auf der jungen Erde dagegen waren Lebewesen nur im Wasser und im Boden vor dem lebensfeindlichen UV-Licht geschützt. Die Erdoberfläche war zunächst unbewohnbar.

Dies ist jedoch nur eines von vielen Klimamodellen für den Mars. Wie das Klima auf dem Urplaneten tatsächlich war, läßt sich nur schwer beurteilen. Sicher ist lediglich, daß sich die Marsatmosphäre im Laufe der Jahrmilliarden stark geändert hat. Der Mars hat einen Großteil seiner Lufthülle und damit auch viel von seinem ursprünglich vorhandenen Wasser verloren. Es ist ihm viel schneller abhanden gekommen als der Erde.

Aber auch sie wird eines Tages trocken und leblos sein. In etwa 500 Millionen Jahren wird es auf der Erde so heiß werden, daß die Ozeane zu kochen anfangen. Alles Wasser wird verdampfen, der Planet seine Atmosphäre verlieren. Und während sich die Sonne zu einem Riesenstern aufbläht und den Mars vorübergehend wieder auf angenehmere Temperaturen erwärmt, werden nur noch ein paar Höhlen in der Wüste daran erinnern, daß die Erde einst zu den begünstigten Planeten zählte.

22. Barnacle Bill

Johannes Brückner nimmt einen Mars-Globus vom Regal und läßt seinen Finger über die staubige Nordhalbkugel wandern. Am 48. Breitengrad, in einer dunkelbraunen Ebene, bleibt er stehen: Utopia.

In diesem Tal landete im Sommer 1976 eine der beiden amerikanischen Viking-Sonden. Ihr Greifarm senkte sich in den Marsboden und packte nach der Krume. Das mitgebrachte Miniatur-Labor analysierte die Bodenprobe automatisch an Ort und Stelle und funkte die Ergebnisse zurück zur Erde: Es gab keine Lebewesen auf dem Mars. Kein einziges Bakterium aalte sich im Boden. Wie oft der ausrollbare Maschinenarm auch ausholte, wie tief er sich auch in die Oberfläche des Planeten bohrte, er bekam keine organischen Stoffe zu fassen, sondern immer nur leblosen Staub. Nicht einmal ein Stein lag in der näheren Umgebung des Landers.

Wieder dreht Johannes Brückner den Mars-Globus und zieht mit dem Finger eine Spur durch den Staub. Nach 6600 Kilometern endet die Linie nicht weit vom Äquator entfernt in der Region Ares Vallis. Dort landete am 4. Juli 1997 der Roboter »Sojourner«.

Der Automat segelte an einem Fallschirm durch die Marsatmosphäre. Er schlug, in Airbags eingepackt, auf dem Marsboden auf, hüpfte sechzehnmal über den steinigen Boden und kam erst nach einigen Kilometern zur Ruhe. Als die Airbags die Luft abgelassen hatten und Sojourner wieder auf seinen sechs Rädern stand, rollte der Rover los.

Die Fernsehbilder des Marsmobils sind vielen Menschen noch in Erinnerung: Wie es nach siebenmonatiger Reise von der Rampe gleitet und auf Kurs geht. Wie es sich durch den Staub schleppt und vor einem kleinen Stein stehen-

Der Automat als Kundschafter: Der kleine Roboter »Sojourner« landete im Juli 1997 auf dem Mars und erkundete 80 Tage lang die Gesteinswüste.

bleibt, keinem unüberwindlichen Hindernis. Aber Sojourner rührt sich nicht.

Vor ihm breitet sich eine Gesteinswüste aus, ein Tal, durch das vor mehr als drei Milliarden Jahren ein Fluß geströmt sein könnte. Am Horizont sind zwei Hügel zu sehen. Sojourner könnte dem Flußlauf zu einem der Aussichtspunkte folgen. Aber er steht still, als sei ihm bereits zu Beginn seines Ausflugs die entsetzliche Kälte des Mars in die Batterie gefahren. Also warten wir.

Plötzlich kommt wieder Leben in das Fahrzeug. Es rückt ein Stückchen vor, hält an und steckt die Spürnase in den Staub. Wieder warten!

Sojourner läuft noch einmal an und stoppt vor dem nächsten Felsbrocken. Stunden vergehen, Tage. Die Wissenschaftler vertreiben sich die Zeit mit Späßen und benennen die umliegenden Steine. Sie heißen jetzt »Barnacle Bill«, »Yogi« oder »Scooby Doo«, wobei letzterer gar kein Stein ist, sondern zementierter Staub, wie sich später herausstellt.

80 Tage lang ist Sojourner auf dem Mars unterwegs. In 80 Tagen wären wir mit Jules Verne um die ganze Welt gereist und mindestens zweimal um den kleineren Mars. Sojourner hat sich in 80 Tagen gerade einmal zwölf Meter von der Landestelle entfernt. Dann sind die Solarzellen mit Staub bedeckt, die nicht wiederaufladbare Batterie kann die sechs Räder und die Instrumente nicht mehr in Gang setzen. Sojourner fährt nicht mehr, er sieht nichts mehr. Der Nachtfrost kappt die letzte Funkverbindung zu dem ferngesteuerten Spielzeug, dessen die Fernsehzuschauer längst überdrüssig geworden sind.

Nicht so die Wissenschaftler. Bei Johannes Brückner und anderen Marsforschern steigt die Aufregung immer noch von Tag zu Tag. Eifrig studieren sie die Gesteinsmessungen, die Sojourner im Verlaufe von zwölf Wochen gemacht hat.

Es erforderte viel Geduld, einen Stein wie Barnacle Bill zum Sprechen zu bringen. Selbst ein Roboter wie Sojourner, der von Brückners Kollegen Rudi Rieder am Max-Planck-Institut für Chemie in Mainz auf derartige Unterhaltungen vorbereitet wurde, brauchte viel Ausdauer, um etwas aus den Steinen herauszukitzeln.

Wie geplant, griff der Automat gleich zu recht drastischen Mitteln. Sojourner rückte mit einer radioaktiven Quelle aus Curium-244 an und hielt sie so dicht wie möglich an den Fels.

Die Strahlung traf Barnacle Bill wie ein Kugelhagel. An manchen Atomkernen seiner Oberfläche prallten die Kügelchen zurück wie an der Bande eines Billardtisches, leichtere Atome gerieten durch die Bestrahlung in Erregung – was den Zählwerken in Sojourners Maschinerie ebenfalls nicht entging.

Sojourner richtete sein Curium-Gebläse stundenlang auf Barnacle Bill. Und es gibt eine Unbeirrbarkeit und Entschiedenheit, die selbst Stein erweichen läßt: Barnacle Bill fing zu reden an, Sojourner lauschte den kristallklaren Botschaften auf 256 Kanälen.

Zunächst klagte Barnacle Bill über den vielen Staub, der auf dem Mars herumlag. Der Staub sammelte sich wie Puderzucker in seinen Gesteinsritzen und -poren und rieb unaufhörlich an ihm. Barnacle Bill erzählte, daß andere Steine in seiner Umgebung noch höher mit Staub bedeckt und schlechter dran waren als er. Sandstürme und regelmäßige Meteoriteneinschläge hatten einige von ihnen über die Jahrmillionen pulverisiert und dem Marsboden gleichgemacht.

Sand und Staub zerrieben das Marsgestein zu feinen Körnchen und trugen diese anschließend viele tausend Kilometer weit. Hier, im Ares Vallis, lag genau derselbe Staub, den die Viking-Sonde 6600 Kilometer entfernt in Utopia vorgefunden hatte.

Barnacle Bill und die Steine in seiner Nachbarschaft hatten dieser Gleichmacherei bislang widerstanden. Sie waren Felsen in der Brandung, Marsianer der alten Garde. Und sie waren erstaunlich reich an Silizium und Kalium und damit ihren irdischen Verwandten, den Andesiten, ähnlich.

Es ist nicht klar, welch vielfältige Gesteinsumwandlungen zur Geburt von Barnacle Bill geführt haben. Während der Staub sichtbare Spuren von Vulkanismus enthielt, darunter Schwefel und Chlor, konnte sich Barnacle Bill kaum noch an vulkanische Vorfahren erinnern.

Für Johannes Brückner war dies eine Überraschung. Er kannte bereits einige andere Steine vom Mars, und die sahen ganz anders aus: die Mars-Meteoriten. Diese Steine waren einst aus der Oberfläche des Planeten herausgeschlagen worden und hatten dann den langen Weg zur Erde angetreten.

Alle Marsmeteoriten, die Forscher bis dato auf der Erde gefunden haben, sind direkter vulkanischer Herkunft. Aber offenbar ist der Mars nicht so eintönig, wie es die Meteoriten zunächst vermuten ließen. Von ein paar Meteoriten läßt sich nicht auf die Zusammensetzung eines ganzen Planeten schließen. Vielleicht können nur besonders harte Steine den Mars verlassen und zur Erde gelangen; vielleicht haben die Meteoritensucher auch nur bestimmte Steine ihres vulkanischen Ursprungs wegen als Marssteine identifizieren können, während andere bislang unerkannt geblieben sind. Jedenfalls gibt es auf dem Mars auch andere Gesteinsarten.

Es ist denkbar, daß die bisher bekannten Mars-Meteoriten alle aus ein und derselben Provinz auf der Nordhalbkugel rund um Olympus Mons stammen, den höchsten, bisher bekannten Gipfel im ganzen Sonnensystem. Der Vulkan ragt 25 000 Meter in die Höhe. Unter ihm brodelt eine heiße Magmaquelle, die ihn in der Vergangenheit stets mit frischer Lava gefüttert hat. So konnte er immer höher hinaufschießen.

Ein ähnlicher Prozeß hat auf der Erde die Hawaii-Inseln mit ihren hohen Gipfeln hervorgebracht. Ihr höchster Vulkankegel ist, vom Meeresboden aus gerechnet, noch höher als der Mount Everest.

Im Meeresboden in Hawaii steigen Magma und geschmolzenes Gestein allerdings nicht immer an derselben Stelle auf. Die Ozeanplatten und Kontinente sind ständig in Bewegung. Deshalb entstand in Hawaii nicht ein einzelner Riesenvulkan wie Olympus Mons, sondern eine ganze Inselkette. Das nach wie vor sprudelnde unterirdische Magma-Reservoir wird diese Kette noch um etliche neue Inseln erweitern. Langsam emporkletternde Meeresvulkane wie »Loihi« werden ihre Kraterhälse in einigen Jahrtausenden über die Meeresoberfläche in Hawaii recken und neue Inseln formen.

Ob die heiße Magmaquelle unter Olympus Mons bereits erloschen ist oder nicht, ist ungewiß. Heinrich Wänke, der Doyen der Marsforschung in Deutschland, vermutet, daß es noch immer Vulkanismus auf dem Mars gibt. Der Mars ist seiner Ansicht nach bis in die heutige Zeit ein aktiver Himmelskörper geblieben. Und die Begegnung des Roboters Sojourner mit Barnacle Bill hat die Forscher gelehrt, daß unser Nachbarplanet eine viel abwechslungsreichere Geschichte hat als der Mond, der bereits vor Milliarden Jahren erloschen ist.

Der Roboter Sojourner fand allerdings keinerlei Spuren von Wasser und keine organischen Stoffe. Seine Spürnase war auf die Identifizierung von Steinen getrimmt worden. Für Wasser hatte er keinen besonders guten Riecher.

Mit besserem Werkzeug ausgestattet, sollen seine Nachfolger »Spirit« und »Opportunity« noch länger durch die Marslandschaft streifen, um mit ihren Schleifgeräten Schicht für Schicht der Marsfelsen abzutragen und mikroskopische Nahaufnahmen des Gesteins zu machen. Womöglich werden sie auf diese Weise offenlegen, ob alte Steine wie Barnacle Bill einst von Flüssen fortgeschwemmt wurden und welchen klimatischen Veränderungen sie seither standgehalten haben.

23. Homo faber

Rudi Rieder ist Kästchenbauer. Ein leidenschaftlicher Tüftler. Einer, der schon als Kind in den Eingeweiden von Blechautos und Radios gewühlt hat, für den der erste Transistor eine Offenbarung war und der noch im Alter von 63 Jahren auf Elektronikflohmärkten nach Hochfrequenzlitzen Ausschau hält. Er hat zeit seines Lebens Apparate gebaut, Experimente verbessert, Messungen präzisiert, ist zwischen Werkstatt, Labor und Büro hin und her gependelt. Raumfahrtenthusiast ist er nicht. Daß er irgendwann in der Abteilung Kosmochemie der Max-Planck-Gesellschaft in Mainz landete, war nur einer zufälligen Begegnung geschuldet.

Im Frühling 2003 sitzt der Physiker in seinem Mainzer Büro und hält ein Aluminiumgehäuse in den Händen. Das Maschinchen sieht wie eine Kamera aus und wiegt samt Elektronik gerade einmal 600 Gramm. 17 Jahre lang hat er an dem Gerät gebastelt, es immer weiter verkleinert. Der Apparat soll messen, aus welchen chemischen Stoffen ein x-beliebiger Stein auf einem fremden Himmelskörper besteht.

Das Vorläufermodell dieser »Schnüffelnase«, wie Rudi Rieder und seine Kollegen das Gerät nennen, war eines der wichtigsten wissenschaftlichen Instrumente des Roboters »Sojourner«, mit dem die amerikanische Weltraumbehörde NASA die Marslandschaft 1997 erkundete. Der Roboter hielt die Nase an die herumliegenden Steine und verschaffte den Forschern einen Überblick über die Zusammensetzung des Marsbodens.

Jede einzelne Messung dauerte damals allerdings viele Stunden. Und Zeit war wegen der geringen Energievorräte des Marsroboters ein kostbares Gut. Während »Sojourner«

Gut gerüstet: Die beiden Roboter, die den Mars 2004 erreichen, sind richtige Feldgeologen, ausgestattet mit Schleifgeräten, Mikroskopen und Kameras.

langsam durch das fremde Terrain manövrierte, dachte Rudi Rieder daher bereits über ein neues Design für den Automaten nach. Er wollte ihn gehörig abspecken und künftig auf einige Komponenten verzichten. Denn von den verschiedenen Sensoren der Schnüffelnase erwies sich der Röntgendetektor als der bei weitem effektivste. Er gehörte künftig in die Mitte des Geräts.

Sechs Jahre später ist der neue Apparat fertig. Rein äußerlich sieht er fast genauso aus wie der alte, aber das Innenleben hat einen völlig anderen Zuschnitt. Der Röntgendetektor sitzt nun tatsächlich in der Mitte, und Rudi Rieder kommt ins Schwärmen, wenn er von dem funkelnagelneuen Bauteil spricht: Der Detektor mißt viel genauer als der alte, ist resistenter gegen Temperaturschwankungen und verfügt über einen integrierten Vorverstärker. Die Schnüffelnase muß nun nicht mehr stundenlang vor ein und demselben Stein verharren. Wenn sich ein Roboter von Ort zu Ort bewegt, schaltet er kurz den Röntgendetektor ein, um zu prüfen, ob sich die Beschaffenheit des Bodens grundlegend geändert hat – immer auf der Suche nach Felsen anderen Ursprungs. Falls dem so ist, dann zeigt der Automat spätestens nach einer halbstündigen Röntgenuntersuchung mit der gewünschten Präzision an, wieviel Natrium und Magnesium, Silizium, Eisen oder sonstige Stoffe der Untergrund enthält.

Soeben hat Rudi Rieder mehrere Ausfertigungen des neuen Instruments bei der amerikanischen Raumfahrtbehörde NASA in Florida abgegeben. Sie wurden bereits an die Arme der beiden Roboterfahrzeuge »Spirit« und »Opportunity« montiert, um Kurs auf den Planeten Mars zu nehmen.

Der Bastler hat die Abgabe des Geräts, solange es ging, hinausgezögert. Den neuartigen Röntgendetektor, das Beste, was der Forschungsmarkt hergab, hat er erst kurz vor Ende der Frist einbauen können. Er hatte ihn gerade noch rechtzeitig vor dem Start bei der Firma Ketek in Oberschleißheim bei München entdeckt.

Eigentlich könnte sich Rudi Rieder nun zurücklehnen und abwarten, was die beiden Marsroboter bei ihrer Landung mit dem neuen Gerät anstellen und mit welchen Widrigkeiten der Umgebung sie zu kämpfen haben werden. Aber schon jetzt ist ihm bewußt, daß auch das neue Modell nicht das Nonplusultra ist. Nach wie vor kommt ihm die Schnüffelnase unfertig vor, die Technik unausgegoren. »Das ist kein Präzisionsinstrument«, sagt er und erläutert, wie er es hätte noch weiter verbessern können.

Im Vergleich zu dem gerade erst eingesetzten Röntgendetektor haben einige ältere Bauteile der Ausstattung nämlich inzwischen an Glanz verloren. Er hätte den Apparat daher gern noch einmal überholt. Dann könnten die Marsroboter ihre Messungen jetzt sogar schon nach fünf Minuten beenden statt binnen einer halben Stunde.

Aber wieder einmal hat die Zeit am Ende nicht mehr gereicht, um die ganze Maschine auf den neuesten Stand der Technik zu bringen. Zudem hat sich die NASA gesträubt, das Altbewährte einfach über Bord zu werfen. 1997 hatte der Automat doch bestens funktioniert. Warum also so viel daran ändern?

Rudi Rieder hält wenig von starren Konzepten, von viel Schnickschnack zu Lasten der eigentlich wichtigen Dinge. Für ihn ist der wissenschaftliche Fortschritt aufs engste mit einer steten Verfeinerung der Technik verknüpft. Die Prozesse, die sich in der Natur abspielen, glaubt er nur dann verstehen zu können, wenn er eine Maschine so baut, daß sie auf eine Messung in vorhersehbarer Weise reagiert. Alles, was dem Meßinstrument auf dem Mars widerfahren kann, möchte er nach Möglichkeit schon bei den Tests im Labor vorweggenommen haben.

»Ich bin Kästchenbauer«, sagt er. Will heißen: Er weiß, wie man Daten gewinnt und was diese Daten taugen.

Das Gerät selbst ist für ihn nur ein Mittel zum Zweck. Auch nach 17 Jahren Bastelei ist er nicht wirklich stolz auf seine Erfindung. Wieder ist einer seiner Apparate als geologischer Kundschafter unterwegs zum Mars, aber schon wieder brennt der Physiker darauf, ihn auseinanderzunehmen, ihn noch einmal umzugestalten, weil sich dadurch die Chance bietet, noch mehr und noch verläßlichere Informationen aus dem Gestein des fernen Planeten herauszuholen.

24. Der Marsmensch

Kasachstan, 1996. Eine kalte Novembernacht. Auf minus zehn Grad fällt das Thermometer am Weltraumbahnhof in Baikonur. In den Wellblechhütten ist es kaum wärmer.

Gerhard Neukum sucht die Nähe der Heizlüfter. Er schaut über das freie Feld zu der Rakete hinüber, die in fünf Kilometern Entfernung zum Himmel emporragt. Sie ist startbereit und hell beleuchtet.

Weißer Dampf umhüllt die Raketentriebwerke. Der eigenartige Geruch des Neuen breitet sich bis in die Hütten hinein aus, wo die Wissenschaftler mit zunehmendem Pathos davon sprechen, bald das zu entdecken, was noch niemand gesehen hat.

Gerhard Neukum träumt davon, die Marslandschaft mit einer Stereokamera ganz nah heranzuzoomen. Er hat sie zusammen mit seinen Mitarbeitern vom Berliner Institut für Planetenerkundung entworfen. Die Kamera soll farbige 3-D-Aufnahmen des Planeten machen, keine platten Luftbilder, sondern dreidimensionale Zeichnungen aller Berge und Täler: vom hoch aufschießenden Olympus Mons, bis hinab zu den langen Schluchten der Valles Marineris. Sie kann ihm die bisher genaueste Karte des Roten Planeten verschaffen, Fotos von eisbedeckten Polargebieten und Gletscherablagerungen, von regelmäßig gemusterten Sanddünen und ausgetrockneten Flußläufen. Er hat den Apparat in allen Details überprüft. Nun liegt das Schicksal in den Händen der russischen Raumfahrtingenieure.

Er kennt diese Unruhe vor dem Start. Vor acht Jahren, im Sommer 1988, fieberte er schon einmal einer Mars-Expedition entgegen. Auch damals war er am Bau einer Kamera beteiligt, die Bilder des Roten Planeten zur Erde übermitteln sollte. Aber keines der beiden russischen Raumfahrzeuge, die Kurs auf den Mars nahmen, erreichte das Ziel. Ein Programmierfehler und möglicherweise ein Kurzschluß beendeten die Reise der beiden Sonden vorzeitig.

Acht Jahre lang hat Gerhard Neukum auf den Start einer neuen Marsmission gewartet und in dieser Zeit eine Kamera entwickelt, die auf einer völlig neuen Technik beruht. Nun endlich ist es soweit:

Die 60 Meter lange Proton-Rakete steigt aus dem Dunst auf und erhebt sich zum Himmel, erst langsam, dann schneller und schneller. Als kleiner, leuchtender Punkt entschwindet sie seinen Blicken.

Gerhard Neukum ist erleichtert. Beim anschließenden Bankett prostet er seiner Frau zu. Es ist ihr 26. Hochzeitstag und der gelungene Start ein versöhnlicher Moment nach Monaten intensiver Arbeit.

Erst am nächsten Morgen auf dem Flughafen erreicht ihn die Schreckensbotschaft: Die Rakete liegt schon seit Stunden in den Tiefen des Meeres. Sie hatte sich mehr als 2000 Kilometer von Baikonur entfernt, als die Zündung der vierten und letzten Raketenstufe versagte. Die Mars-Sonde ist vor Südamerika in den pazifischen Ozean gestürzt – mitsamt der Kamera.

Gerhard Neukum steigt in das Flugzeug nach Moskau ein. Neben ihm sitzt eine ebenso enttäuschte französische Kollegin, die gehofft hatte, den Marsboden mit einem kleinen Meßgerät analysieren zu können. Jetzt bemüht sie sich, ihren Nachbarn aus Deutschland aufzurichten: Vielleicht können Franzosen und Deutsche eines Tages einen neuen Flug zum Mars in die Wege leiten. Die Instrumente sind doch alle gebaut. Auch von der Kamera gibt es eine zweite Ausfertigung.

Ein Jahr vergeht, zwei Jahre, sieben Jahre. Im Juni 2003 fällt das Scheinwerferlicht erneut auf Gerhard Neukum und seine 19,6 Kilogramm schwere Stereokamera. Der Wissenschaftler trägt eine bunte Krawatte, auf der viele kleine Raumfahrzeuge zu sehen sind, die zwischen Erde und

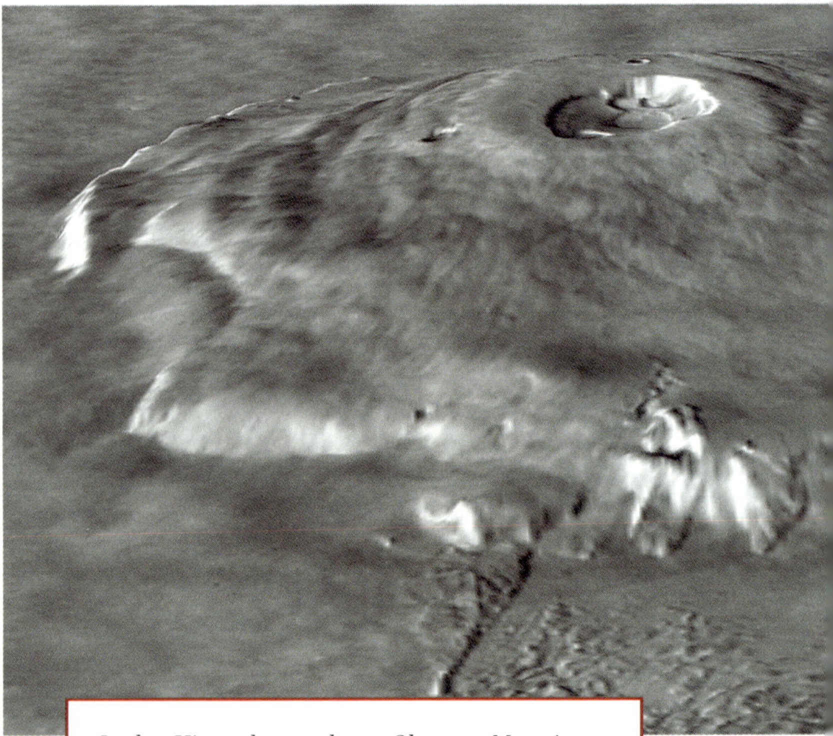

In den Himmel gewachsen: Olympus Mons ist mit etwa 25 000 Metern Höhe der größte Vulkan im Sonnensystem.

Mars hin und her pendeln. Bis zum Start der europäischen Raumsonde »Mars Express« sind es nur noch wenige Minuten hin. Das Raumfahrzeug soll im Jahr 2004, zeitgleich mit zwei amerikanischen Sonden, den roten Planeten erkunden. Und seine Kamera soll auch beim neuerlichen Versuch, den Mars zu erreichen, wieder mit von der Partie sein.

Selten war ein Apparat so geduldig. Die Kamera kann jetzt nicht nur farbige 3-D-Aufnahmen machen. In der Bildmitte sitzt mittlerweile ein kleines Teleskop, das aus einer 250 Kilometer hohen Umlaufbahn alle Details der Mars-

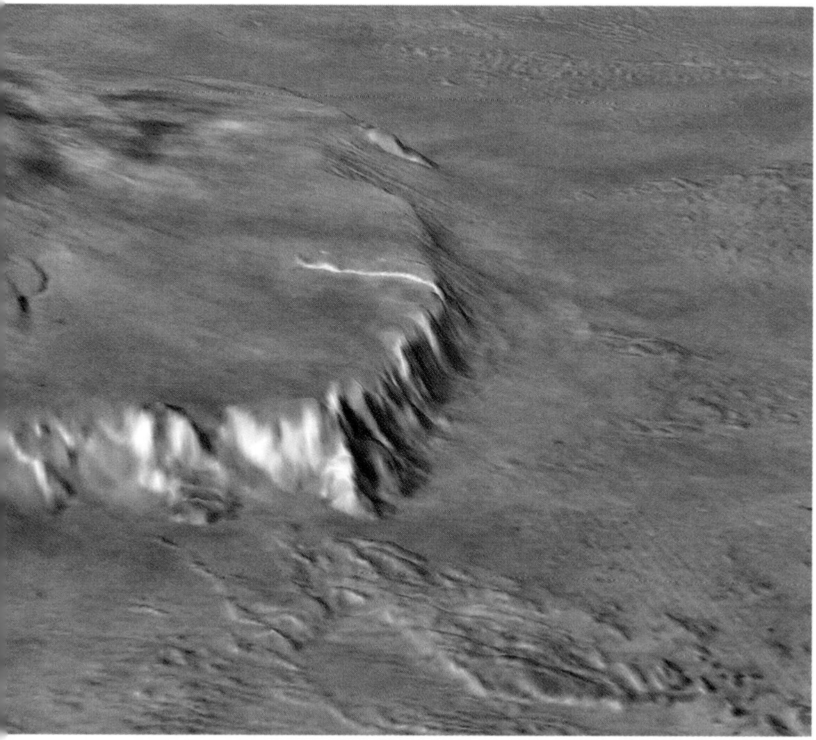

oberfläche aufnehmen soll: Krater von nur zwei Metern Durchmesser und die mäandernden Ausläufer im Delta einstiger Flüsse.

Zusammen mit mehreren hundert Gästen verfolgt Gerhard Neukum die Live-Übertragung des Starts: Bilder vom Kosmodrom in Baikonur. Während die Sekunden auf der eingeblendeten Uhr rückwärtslaufen, steht die russische Rakete vom Typ Sojus wie ein Leuchtturm auf der Großleinwand. 1600 Flüge hat diese Trägerrakete bereits absolviert, die Erfolgsquote liegt bei 98 Prozent.

Mit einem Mal färbt sich die ganze Leinwand weiß. Explosionsartig breiten sich helle Schwaden über das Bild aus. Sekunden später wird die Spitze der Rakete sichtbar, und bald darauf funkelt ein Stern mit blauem Strahlenkranz am oberen Bildrand. Er wird kleiner und kleiner.

Der Applaus des Berliner Publikums geht unter in den theatralischen Klängen, die von überall her aus den Lautsprecherboxen kommen. Wenige Augenblicke später ist Gerhard Neukum bereits von den anwesenden Fernsehteams umringt. Noch einmal zielt der Planetenwissenschaftler mit seiner Stereokamera in die Zukunft, hofft er darauf, die Kräfte, die die Marslandschaft über Jahrmilliarden verändert haben, in allen Einzelheiten studieren zu können: Meteoriteneinschläge und Vulkanismus, Gletscher und Schlammlawinen.

Drei Stunden nach dem Start sind die Stuhlreihen leer. Gerhard Neukum steht neben einer Glasvitrine und betrachtet das Duplikat seiner Kamera. Das Original fliegt mittlerweile auf ruhigem Kurs dem Mars entgegen, aber der Mann mit der bunten Krawatte kann seine Sorge nicht verbergen. »Wenn Sie die Kamera bei den Belastungstests auf dem Schütteltisch gesehen hätten, wäre Ihnen schlecht geworden«, sagt er. »Hoffentlich hat sie den Start überstanden!«

56 Millionen Kilometer sind es noch bis zum Mars. Aber wenn alles gutgeht, wird die Raumsonde »Mars Express« in einem halben Jahr in eine ruhige Umlaufbahn um den Planeten einschwenken. Dann wird Gerhard Neukum sich ein besseres Bild davon machen können, wie feucht der Mars in der Vergangenheit gewesen, wieviel Wasser einst in seinen Kanälen geflossen ist. Wenn alles gutgeht.

Kapitel VII
Lüfte

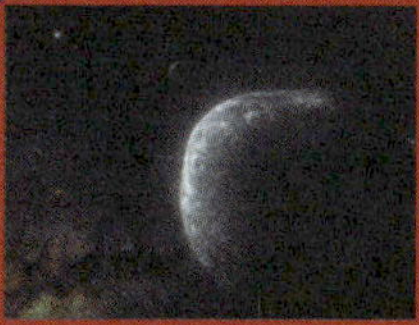

Nach Plan gebaut: Die Sterne hingen in diesem Weltmodell am Dach des Himmelsgebäudes.

25. Weltharmonie

Johannes Kepler war gerade ein Jahr in Diensten des kaiserlichen Mathematikers Tycho Brahe, als das hohe Amt plötzlich ihm, dem Assistenten, zufiel. Wie berichtet wird, hatte es sich Brahe verkniffen, während eines großen Festes beizeiten Wasser zu lassen. Er war bald darauf an den Folgen eines Blasenleidens gestorben.

Kepler trauerte nicht lange um seinen Meister. Freilich schätzte er Brahes Verdienste sehr. Brahe hatte den Himmel in den vergangenen 25 Jahren mit bloßem Auge und lediglich einfachen Hilfsmitteln wie Quadranten, Sextanten und Oktanten so genau vermessen wie niemand zuvor. In seiner Sorgfalt und Gründlichkeit war er dabei oft so weit gegangen, einen zweiten und dritten Beobachter hinzuzuziehen, um die Positionen der Planeten und Gestirne möglichst exakt festzuhalten.

Brahes Beobachtungsdaten waren die mit Abstand besten seiner Zeit. Und Johannes Kepler gierte schon lange danach, sein eigenes Weltmodell anhand dieser Meßreihen zu überprüfen.

Bereits im Februar 1599 hatte Kepler in einem Brief über Brahe geschrieben: *»Er ist überreich, allein er weiß von seinem Reichtum keinen rechten Gebrauch zu machen, wie die meisten Reichen. Man muß sich daher Mühe geben (und ich habe dies für meinen Teil mit der gebührenden Bescheidenheit getan), ihm seine Reichtümer zu entwinden, ihm den Entschluß abzubetteln, seine Beobachtungen vorbehaltlos zu veröffentlichen, und zwar alle.«*

Jetzt, zweieinhalb Jahre später, fiel Kepler der größte Schatz der Astronomie beinahe wie von selbst in die Hände. Der gerade erst 29jährige wurde Brahes Nachfolger am Hof Rudolfs II. in Prag.

Kepler wußte von dem epochalen Erbe Gebrauch zu machen und vollendete Brahes Werk in den folgenden drei Jahrzehnten, nach deren Ablauf er schließlich die Rudolfinischen Tafeln herausgab. Das für jeden Astronomen unentbehrliche Handbuch enthielt die Positionen der Sterne, die Brahe gemessen, sowie Tabellen aller bekannten Planeten, deren Bahnen Kepler inzwischen ermittelt hatte.

Diese Berechnungen sollten Kepler dereinst berühmt machen. Zu Lebzeiten folgten ihm nur wenige auf seiner mathematischen Entdeckungsreise, auch wenn er sich in zahlreichen Schriften und Büchern große Mühe gab, den Leser an seiner Odyssee teilhaben zu lassen.

Kepler drehte und wendete die Bebachtungsdaten Brahes nach allen Regeln der Geometrie und Arithmetik, um zu überprüfen, wie sich die Planeten im Kosmos bewegen.

Es gab hierzu etliche widerstreitende Ideen. Unter den Astronomen seiner Zeit war die Ansicht des Ptolemaios am weitesten verbreitet, daß die Erde im Mittelpunkt des Weltalls ruht, während sich alle sieben bekannten Planeten, zu denen nach damaliger Betrachtungsweise auch Sonne und Mond zählten, auf Kreisen um dieses Zentrum bewegen. Eine ruhende Erde entsprach am ehesten den alltäglichen Erfahrungen, und der Kreis galt als vollkommene Gestalt. Seine in sich geschlossene Bahn gewährleistete am ehesten eine feste Ordnung der Himmelskörper.

Auch Galileo Galilei glaubte zeit seines Lebens an kreisende Planeten. Nur rückte er schon bald die Sonne in den Mittelpunkt des Weltalls. Er konnte sich dabei auf Beobachtungen mit seinem »perspicillum« stützen, einem selbstgebauten Fernrohr, dem ersten überhaupt, das in der Astronomie zum Einsatz kam. Als Galilei in den Jahren 1609 bis 1611 die Venus bei ihrem Lauf um die Sonne verfolgte, schwanden auch seine letzten Zweifel an dem neuen kopernikanischen Weltbild.

Kepler war bereits vor Galilei ein Anhänger der kopernikanischen Idee. Auch für ihn stand die Sonne im Mittelpunkt des Kosmos. Da er über kein Teleskop verfügte, ließ er sich vor allem von dem Gedanken leiten, daß der göttliche Schöpfungsplan ein Werk der regelmäßigen Proportionen sei.

Kepler ergänzte das mathematisch gefällige Modell des Kopernikus um viele geometrische Betrachtungen, die zu dieser Vorstellung paßten. In seiner ersten bedeutenden Schrift, dem 1597 erschienenen »Mysterium cosmographicum«, stellte Kepler das Universum als ein Gebilde aus in sich verschachtelten, symmetrischen Figuren dar: aus Kugel, Tetraeder, Würfel, Acht-, Zwölf- und Zwanzigflächner. Sie alle spannten einen wohlgeordneten Kosmos auf, der bis zur Sphäre der Fixsterne reichte.

Über die besondere Stellung der Sonne im Zentrum dieser harmonischen Welt machte er sich allerhand Gedanken. Nachdem er sich einmal auf den Perspektivwechsel eingelassen hatte, fiel ihm auf, daß sich die Planeten um so schneller um die Sonne bewegten, je näher sie ihr waren. Merkur und Venus waren die schnellsten, Jupiter und Saturn die langsamsten Planeten. Die Sonne war offenbar nicht bloß eine Quelle des Lichts. Sie schien irgendeinen direkten Einfluß auf die Bewegung der Planeten zu haben.

Angeregt durch eine Arbeit von William Gilbert über den Magnetismus, dachte Kepler dabei an eine magnetische Kraft. Im Jahr 1605 schrieb er in einem Brief:

»Der Sonnenkörper ist rings im Kreis herum magnetisch und rotiert an seinem Ort, wobei er den Kreis seiner Kraft mit sich herumbewegt. Diese Kraft zieht die Planeten nicht an, sondern besorgt ihre Weiterbewegung. Die Planetenkörper dagegen sind an sich zur Ruhe geneigt an jedem Ort, an den sie gesetzt werden. Damit sie daher von der Sonne bewegt werden, ist eine Kraftanstrengung notwendig. So geschieht es, daß die weiter entfernten von der Sonne langsamer, die näheren schneller angetrieben werden.«

Erstmals versuchte Kepler hier, die Vorgänge am Himmel physikalisch zu deuten. Er gab sich nicht mit einem mathematisch eleganten Modell zufrieden, sondern übertrug statt dessen eine Kraft, die die Objekte auf der Erde zu bewegen vermag, auf das Geschehen am Himmel und hob so die Grenze zwischen Himmel und Erde auf.

Kepler vertraute auf dieses physikalisch-spekulative Konzept der Planetenbewegung und eine mathematisch-mystische Kosmologie. Seine großartige wissenschaftliche Leistung bestand darin, diese Überzeugungen und plötzlichen Eingebungen immer wieder sorgfältig zu überprüfen. Er scheute sich nicht, seine frühen Ansichten zugunsten besserer über Bord zu werfen. *»Ich Ärmster, ich habe einen großen Fehler gemacht!«*, schrieb er dann oder kommentierte seinen Erkenntnisfortschritt mit einem Augenzwinkern: *»Es bereitet mir Vergnügen, die ersten Versuche zu meinen Entdeckungen vor mir zu sehen, auch wenn sie in die Irre gingen.«*

Geradezu wahnhaft eiferte er danach, den Plan der göttlichen Schöpfung zu erkennen, stellte sein eigenes Urteil auf die härtesten Proben, indem er es immerfort an Tycho Brahes Beobachtungsdaten maß.

Beispielhaft dafür war sein *»Kriegszug gegen den Mars«*, der Versuch, die Bahn des Planeten Mars von der Erde aus zu bestimmen. Es war ein schwieriges Unterfangen, denn die Erde bewegte sich Keplers Ansicht nach ja ebenfalls um die Sonne, und zwar auf einer Bahn, die ihm gleichermaßen unbekannt war.

Die Berechnungen zogen sich über viele Jahre hin. Kepler legte ihnen verschiedene Hypothesen seiner Vorgänger zugrunde und stieß immerfort auf neue Unstimmigkeiten. An die Leser seines geradezu erschlagenden mathematischen Werkes wandte er sich mit den Worten: *»Wenn du dieses mühseligen Verfahrens überdrüssig wirst, so magst du mit Recht Mitleid mit mir empfinden, der ich es mindestens siebzigmal mit sehr großem Zeitverlust durchlaufen habe.«*

Selbst die kleinste Abweichung zwischen der berechneten Position des Planeten Mars und Brahes verläßlichen Beobachtungen nahm Kepler nicht hin. Und zu guter Letzt gelangte er auf verschlungenen Wegen zu der Einsicht, daß der Lauf des Mars um die Sonne nicht exakt kreisförmig ist. Von hier aus führten ihn die Intuition und die weitere konsequente Überpüfung seiner wechselnden Annahmen zu der Einsicht, daß der Mars auf einer Ellipsenbahn um die Sonne zieht.

Die berechnete Abweichung von der Kreisbahn war minimal. Auf ein Blatt Papier gezeichnet, war der Unterschied mit dem Auge kaum zu erkennen. Nur für den Planeten Merkur errechnete Kepler eine sichtlich in die Länge gezogene Ellipse. Die daraus abgeleiteten Vorhersagen sollten ihn ein Jahr nach seinem Tod aufs trefflichste bestätigen, als sich Merkur genau vor die Sonne schob.

Für Galilei war Keplers Ellipse indessen kaum mehr als ein deformierter Kreis. Und diese Mißgestalt stand offensichtlich im Widerspruch zu allen astronomischen Schriften und zur Idee der göttlichen Vollkommenheit.

Kepler haderte mit sich selbst, *»daß ich, obgleich ich fast bis zum Verrücktwerden nachdachte ..., nicht ausfindig machen konnte, warum der Planet ... lieber den elliptischen Weg geht ... O ich närrischer Kauz!«* Der Abschied vom Kreis fiel dem kaiserlichen Mathematiker wohl nur deshalb nicht gar so schwer, weil die Rechnungen ihn zu einer nahezu *»vollkommenen Ellipse«* geführt hatten.

Die neue Sphärenmusik erschien ihm schon bald nicht weniger melodisch als die alte. Die Sonne stand nun im Brennpunkt der Ellipsenbahnen der Planeten. Sie war in seinen Augen der Sitz der Weltseele. Und wiederum ließ sich der Kosmos als wohlklingendes Ganzes verstehen, war Kepler erfüllt *»von einem unsäglichen Entzücken über die göttliche Schau der himmlischen Harmonie«*.

Die 1618 vollendete »Weltharmonie« leitete Kepler zuversichtlich mit einem Zitat des Proklus Diadochus ein, dem auch seine Nachwelt zustimmen sollte: *»Für die Betrachtung der Natur leistet die Mathematik den größten Beitrag, indem sie das wohlgeordnete Gefüge der Gedanken enthüllt, nach dem das All gebildet ist.«*

26. Der Himmelsfalke

»Laßt uns mit süßer Stimme Newtons Lob singen, der die Wahrheit in ihrem mystischen Labyrinth aufgespürt hat. Newton, der von allen günstigen Musen inspiriert und von dem glänzenden Apoll angefeuert wurde.«

Wie schon diese wenigen Zeilen aus dem Vorwort der »Principia« zeigen, war der Verfasser des Gedichts ein glühender Verehrer Isaac Newtons. Aber Edmond Halley war mehr als dies: Er selbst war jener »glänzende Apoll«, der Newton anfeuerte. Ihm verdanken wir es, daß Newton 1684 aus seiner Schwermut, seiner Eigenbrötelei und alchemistischen Versenkung auftauchte und sich ganz der Aufgabe verschrieb, die Gesetze des Himmels und der Erde zu einem Prinzip zusammenzuführen: dem Gesetz der Schwerkraft.

Mit ermunternden Worten holte Halley die schlummernden Einsichten hervor, die Newton nun eifrig zu Papier brachte. Trotzdem mußte Halley Newton immer wieder behutsam zur Vollendung der Schriften drängen. Er vermittelte zwischen Newton und einigen nicht weniger sensiblen und eitlen Mitgliedern der Royal Society. Und schließlich finanzierte und überwachte er auch noch den Druck der Newtonschen »Principia«.

»Wenn er nicht gewesen wäre, hätte nach menschlichem Ermessen niemand an das Werk gedacht, oder wenn jemand an es gedacht hätte, wäre es nicht geschrieben worden, und wenn es geschrieben worden wäre, wäre es nicht gedruckt worden«, schrieb Augustus De Morgan über Halleys Verdienste.

Die Fülle der Newtonschen Entdeckungen ist atemberaubend. Mit neuen mathematischen Methoden erschließt er sich unter anderem die Möglichkeit, die Bewegung der Planeten als dynamischen Prozeß zu beschreiben.

Newton unterteilt die ellipsenförmige Planetenbahn in viele kleine Abschnitte. Diese winzigen Teilstückchen sind für ihn näherungsweise gerade Linien, die sich wie Tangenten an die Flugkurve anschmiegen. Sie geben die momentane Bewegungsrichtung des Planeten an. Ein Planet müßte geradewegs auf diesem Kurs davonfliegen, würde ihn nicht fortwährend irgend etwas auf die Ellipsenbahn zwingen.

Newton denkt an dieser Stelle nicht an eine mechanische Ursache, sondern an eine abstrakte Kraft. Eine wechselseitige Anziehung bindet die Planeten an die Sonne. Und er findet mit seinem originellen mathematischen Kalkül heraus, daß es sich dabei um eine universelle Kraft handelt: Die Bewegung der Planeten genügt demselben Schwerkraftgesetz wie der Wurf eines Steins.

Mit Newtons neuem Kraftbegriff fügen sich unzählige Naturerscheinungen in eine einzige mathematische Theorie. Der Fall des Apfels vom Baume, Ebbe und Flut, die Bahn der Erde um die Sonne, die Bewegung der Jupitermonde und auch die der Kometen – all dies führt er auf ganz wenige allgemeine Grundsätze zurück.

Newton formuliert diese Leitgedanken in der Sprache der Geometrie. 1665 hat er für seine Berechnungen noch die Handschrift der »neuen Analysis« gewählt, sie von Descartes und anderen übernommen. In seinem Hauptwerk, den »Principia«, distanziert er sich davon.

»Multiplikationen, Divisionen und andere Rechnungen dieser Art wurden erst jüngst in die Geometrie eingeführt – ein irriger und gegen die ursprünglichen Intentionen dieser Wissenschaft gerichteter Schritt … Die Alten waren sehr darauf bedacht, … daß sie niemals arithmetische Begriffe in die Geometrie einbrachten, während die Neueren dadurch, daß sie beide vermischen, die Einfachheit verloren haben, auf der die ganze Eleganz der Geometrie beruht.«

Allerdings hat auch Newtons Kosmos, bei aller Eleganz der geometrischen Methode, seine Einfachheit verloren. Newton erkennt schnell, daß vollkommene Kreise und selbst Keplers

Kosmisches Uhrwerk: Die Planeten auf ihren Bahnen um die Sonne.

Ellipsen daraus ein für allemal verschwunden sind. Jetzt, da die Schwerkraft die himmlischen Geschicke bestimmt, sind die Verhältnisse ungleich verwickelter.

Die Himmelskörper stehen nicht nur unter dem Einfluß der Sonne – sie beeinflussen sich auch gegenseitig: Jupiters Anziehungskraft zerrt am benachbarten Saturn, der Mond an der Erde.

Newton spielt die Bedeutung dieser vielen Wechselwirkungen gelegentlich herunter. *»Ignorieren Sie diese Kinkerlitzchen, und die einfache Bahnform … wird die Ellipse sein, die ich schon behandelt habe.«* Gleichzeitig aber zerbricht er sich den Kopf darüber, wie er die Umlaufbahn des Mondes um die Erde ermitteln soll.

Die Berechnung der Mondbahn erweist sich als ungeheuer schwierig. Newton stellt fest, daß der Einfluß der Sonne dabei unbedingt zu berücksichtigen ist. Der Mond bewegt sich nicht in einem Kreis oder einer Ellipse um die

Erde. Sein Lauf ist, auf lange Sicht hin gesehen, derart unregelmäßig, daß weder Newton noch seine Nachfolger dieses vermeintlich simple »Dreikörperproblem« zu lösen vermögen – was Newton allerdings nicht von der Überzeugung abbringt, daß die Ordnung der Welt dauerhaft ist. Dagegen hält er alle bisherige Erkenntnis für unvollkommen und vorläufig.

Im dritten Buch der »Principia« befaßt sich Newton auch mit den Kometen, die seines Erachtens ebenfalls dem Gesetz der Schwerkraft folgen. Wie ihre Wege um die Sonne verlaufen, weiß er jedoch nicht.

Edmond Halley, selbst leidenschaftlicher Astronom, sammelt daraufhin die Aufzeichnungen aller zuverlässigen Kometenbeobachtungen der vergangenen Jahrhunderte. Er versucht, die Umlaufbahnen der Kometen zu berechnen, und stellt fest, daß sie keinerlei Ordnung zeigen. *»Sie sind nicht wie die Planeten an die Zodiakalebene gebunden, sondern … bewegen sich unbekümmert sowohl in rechtläufiger als auch in retrograder Richtung.«*

Bei der Zusammenstellung der Daten fallen ihm allerdings auch etliche Gemeinsamkeiten auf, insbesondere zwischen den drei Kometen aus den Jahren 1531, 1607 und 1682. Alle drei sind im selben Abstand an der Sonne vorbeigeflogen und haben bei ihrem Anflug die Ebene der Planeten im gleichen Winkel gekreuzt.

Halley vermutet, daß es sich bei diesen Erscheinungen um ein und denselben Kometen handelt. Wenn dem so ist, dann kehrt der Komet etwa alle 76 Jahre zurück und bewegt sich in einer weiten Ellipse um die Sonne.

Es mißfällt Halley allerdings sehr, daß die Zeiträume zwischen diesen Ereignissen nicht auf den Tag genau gleich sind, wie er es bei der ansonsten strengen Regelmäßigkeit der Bewegungen im Sonnensystem erwarten hätte. Die Unterschiede sind geradezu riesig: Sie betragen mehr als ein Jahr! Kann es sein, daß ein und derselbe Komet die Sonne heute schneller und morgen langsamer umkreist?

Halley erwägt verschiedene Gründe, weshalb dem Himmelsfalken die Flügel mitunter lahmen. Die Bahn, die er ermittelt, führt den Kometen an Jupiter und Saturn vorbei. Sie reicht, wie wir heute wissen, bis in die Sphäre des Pluto und seiner Gesellen hinaus, wo der Lauf des Kometen einst seinen Anfang genommen zu haben scheint. Ein naher Vorbeiflug an den großen Planeten Jupiter und Saturn aber kann den Kometen auf einen geringfügig anderen Kurs bringen. Diese Umleitungen sind möglicherweise die Ursache der Verzögerungen.

Im Jahre 1705 veröffentlicht Halley seine Ergebnisse. Und in seiner »Synopsis« stellt er eine vielbeachtete Prognose auf: Er sagt die Wiederkehr des Kometen für das Jahr 1758 voraus. Er selbst erlebt die Erfüllung dieser Prophezeiung nicht mehr. Aber Johann Georg Palitzsch, ein sächsischer Bauer, entdeckt den »Halleyschen Kometen« zu vorausberechneter Zeit wieder.

Jahrhundertelang hat das plötzliche und unerwartete Aufflammen der Kometen als unheilbringend gegolten. Die Schweifsterne haben die Christenheit in Angst und Schrecken versetzt. Nun hat Newtons Schwerkraftgesetz selbst die Kometen berechenbar gemacht, und die Wissenschaft feiert die pünktliche Wiederkehr des Halleyschen Kometen daher als Sieg der Vernunft über den landläufigen Aberglauben.

27. Die Wache des Kerberos

Eine ganze Weile stand Sir Isaac Newton bereits vor der offenen Tür. Er traute sich nicht hineinzugehen. Drinnen, am Schreibtisch, saß eine dunkelhaarige Frau in kurzen Khaki-Hosen und weißem Polo-Shirt vor einem Computer. Sie hatte ihm den Rücken zugewandt und schaute auf den Bildschirm.

Newton wischte sich den Schweiß von der Stirn. Er hatte sich im Vorfeld dieser für ihn so wichtigen Begegnung jeden Satz zurechtgelegt. Er hatte alle möglichen Einwände mit seinen getreuesten Anhängern erwogen. Aber seine ganze Gravität, der ganze Kanon des scholastischen Wissens und der Alchemie verflüssigten sich soeben zu dicken Schweißperlen, die ihm zwischen den Strähnen seiner Quecksilbermähne die Schläfe hinabliefen. Mit allem hatte er gerechnet, nur damit nicht: daß es eine Frau sein würde!

Wie konnte ihm das nur entgangen sein? Schon im Herbst 1993 hatte ihm der alte Sir John Maddox, zu dem Newton eine geheime Verbindung pflegte, jene häretische Schrift zukommen lassen, die seither die astronomische Fachwelt bewegte. Aber keinen Moment hatte Newton daran gedacht, daß dieser Irrglaube aus der Feder einer Frau stammen könnte.

Welche Schmach, wenn er jetzt umkehren würde! Er durfte diese Angelegenheit nicht auf sich beruhen lassen.

Newton schaute ängstlich nach rechts und links über den Flur. Auf dem Hinweg war er niemandem begegnet. Auch jetzt herrschte Totenstille. Wahrscheinlich hatten die meisten Wissenschaftler das Planetenforschungszentrum um diese Uhrzeit bereits verlassen.

Sein Blick fiel auf ein Blatt, das an der Tür klebte. Es war die Kopie einer Buchseite: »6698 Malhotra, entdeckt am 21.

September 1987. Benannt zu Ehren von Renu Malhotra, ausgebildete Himmelsmechanikerin ...«

Renu Malhotra? Newton war so, als läse er diesen Namen zum ersten Mal. Warum hatte er ihm bislang so wenig Beachtung geschenkt?

Er griff erneut zum Taschentuch, um sich den Schweiß von der Stirn zu tupfen. Diese Hitze! Dann warf er einen raschen Blick zum Schreibtisch. Die junge Frau hatte ihn immer noch nicht bemerkt.

»... geboren und aufgewachsen in Indien. Sie hat große Beiträge zu unserem Verständnis des Asteroidengürtels geleistet und insbesondere Plutos ...«

Pluto! Ausgerechnet Pluto! Wie hatte er die Entdeckung des neunten Planeten einst begrüßt. Pluto, das war ein anderes Kaliber als Uranus und Neptun. Oh ja, auch Uranus und Neptun bestätigten seine, die Newtonsche Gravitationstheorie aufs angenehmste. Daran konnte kein Zweifel sein. Aber Pluto war mehr als eine Bestätigung seiner »Principia« und der anderen mathematischen Werke. Pluto war ein Mysterium, ein wunderbares Zeugnis der göttlichen Schöpfung. Seine Entdeckung machte endgültig Schluß mit all den Wirbeltheorien, die Gottes Größe verkannten.

René Descartes hatte den Wirbel erfunden, Immanuel Kant hatte an ihn geglaubt. Und nicht Rechnungen hatten sie in diesem Wahn bestärkt, nein, ihre Arglosigkeit und Naivität: Weil alle Planeten hübsch im selben Drehsinn um die Sonne kreisten und noch dazu in einer Ebene, sollte ein Wirbel sie vor Urzeiten erzeugt haben, ein Wirbel, der gleichsam aus dem Nichts aufgetaucht war, ohne Gottes Hand und ohne irgendeinen mathematischen Beweis.

Dann jedoch, im März 1930, als schon niemand mehr damit gerechnet hatte, war am Horizont ein neuer Planet aufgetaucht: Pluto. Der, bitteschön, mußte doch – wie alle anderen Planeten – vom Descartes'schen Wirbel unweigerlich mitgerissen werden, falls es einen solchen gab.

Im Schattenreich: Ein derartiger Ausblick könnte sich von Pluto aus über dessen Mond Charon hinweg bieten. Den fernen Pluto hat noch keine Raumsonde aufgesucht.

Tat er aber nicht! Ha! Ha! Pluto drehte sich nicht im selben Teller wie die anderen Planeten, die Descartes zu einer Ursuppe hatte verrühren wollen, Pluto bewegte sich auf einer völlig anderen Bahn. Und das ließ nur einen Schluß zu: Der Wirbel existierte nicht. Die fade Descartes'sche Brühe hatte Gott nicht geschmeckt. Gott hatte die Welt so geschaffen, wie sie ihm gefiel: wirbellos und doch nach wohldurchdachtem Plan, einmal und für alle Ewigkeit.

Newton, inzwischen schweißgebadet, lehnte sich an den Türrahmen. Für einen Moment schloß er die Augen. Als er wieder aufschaute, sah er, wie einige Sonnenstrahlen durch die heruntergelassenen Jalousien auf eine weiße Tafel an der linken Zimmerwand fielen. Mitten auf der Tafel war ein kleines farbiges Lichtmuster zu sehen.

Ein Lächeln flog über Newtons feuchte, zusammengekniffene Lippen. Er dachte an die glücklichen Jahre in Woolthorpe zurück und an seine über alles geliebte Mutter.

Sie hatte versucht, einen Landwirt aus ihm zu machen. Aber anstatt Kühe zu melken, hatte Newton ein Loch in den Fensterladen seines Zimmers gebohrt, ein Prisma davorgehalten und die Strahlen der Sonne auf einen Schirm projiziert. Damals hatte er angefangen, das Farbenspiel des Sonnenlichts zu studieren. Und mit diesen Experimenten war er zu einer neuen Theorie des Lichts gelangt.

All das lag weit zurück. Und so unmittelbar die Erinnerung gekommen war, so schnell versuchte Newton, die Gedanken wieder zu verscheuchen. Die Frau am Schreibtisch konnte sich jederzeit umdrehen. Er wußte noch immer nicht, wie er sie ansprechen würde.

Sollte er, Sir Isaac Newton, ein Ehrenmann, einer Frau, einer Himmelsmechanikerin aus Indien, all die strengen

Vorhaltungen machen, die für seinesgleichen gedacht waren?

Er rang darum, die Fassung wiederzufinden. Zu viel stand auf dem Spiel. Es ging um eine höchst wichtige Angelegenheit: Es ging um den göttlichen Schöpfungsplan und die Stabilität des gesamten Sonnensystems.

In seiner mißlichen Lage schien es ihm das Klügste, die Himmelsmechanikerin zunächst höflich, aber bestimmt zu fragen, wie sie zu ihrer Hypothese gekommen war: Ah ja, auch Sie glauben also an einen Wirbel, aus dem heraus sich unser Sonnensystem gebildet hat. In diesem Wirbel wären ergo die Planeten auf ihren fast kreisförmigen Bahnen entstanden. Was aber ist mit Pluto?

Ihrer Meinung nach kreiste also auch Pluto zunächst um die Sonne wie die anderen Planeten, allerdings nie ungestört. Sie behaupten, daß er da draußen nicht allein war: Jenseits des Neptun gab es einst unzählige kleine Planeten aus der plutonischen Familie – eine erstaunliche Hypothese! Und was geschah mit diesen vielen kleinen Planeten?

Der wachsende Neptun brachte viele von ihrem Kurs ab, einen nach dem anderen – dank der Newtonschen Anziehungskraft, versteht sich. So gelangten sie in die Einflußsphäre des Jupiter. Und Jupiter, der riesige Jupiter, das himmlische Katapult, schleuderte die weitaus meisten von ihnen für immer aus dem Sonnensystem hinaus, andere warf er ins innere Sonnensystem, wo so mancher Brocken mit der Erde kollidierte. Sehr bemerkenswert!

Aber verehrte Frau Himmelsmechanikerin, das muß ja ein fürchterliches Durcheinander gewesen sein. Ha! Ha! Das klingt gar nicht nach göttlicher Vorsehung. Wollen Sie damit etwa sagen, daß …

Ach so, wir wollten zunächst über Pluto sprechen. Pluto, ja, wie konnte Pluto dem Schicksal der anderen kleinen Planeten da draußen entgehen?

Oh, Neptun ging auf Wanderschaft und fing Pluto bei diesem Marsch ein. Wieder so eine erstaunliche Hypothese!

Neptun entfernte sich von der Sonne und hievte Pluto auf die exzentrische Umlaufbahn, auf der wir ihn heute beobachten. Es stellte sich ein festes Verhältnis der Umlaufzeiten zwischen den beiden Planeten ein. Und in dieser Symbiose, in dieser Resonanz blieb Pluto infolge des Newtonschen Gravitationsgesetzes für alle Zeit gefangen. Neptun hat den kleinen Planeten demnach über Tellerrand gehoben – sehr bemerkenswert!

Wenn Sie mir an dieser Stelle eine kleine Frage erlauben würden, verehrte Frau Himmelsmechanikerin: Ist das nicht alles sehr schwer zu berechnen? Denken Sie doch nur an das von Sir Isaac Newton bereits vor 300 Jahren behandelte Dreikörperproblem! Die Situation mit Neptun, Pluto und den vielen kleinen hypothetischen Planeten weit da draußen im Sonnensystem erscheint mir in diesem Lichte geradezu hoffnungslos verwickelt, nichts als vage Kalkulation.

Und bedenken Sie die Konsequenzen! Mit Ihrer Spekulation machen Sie den Planeten Neptun zu einem Vagabunden.

Sie meinen das ja vermutlich gar nicht so, sondern wohl eher, daß sich Neptun nur ein kleines bißchen von seinem Ursprungsort fortbewegte, oder?

Nein? Neptun wanderte bald nach seiner Entstehung sehr weit von der Sonne fort, sagen Sie? Und nicht bloß er, auch Uranus entzog den vielen kleinen Planeten im Newtonschen Spiel der Anziehungskräfte genügend Energie, um sich von der Sonne zu entfernen – Donnerwetter!

Das Planetensystem ist also Ihrer Meinung nach kein göttliches Werk der Vollkommenheit? Es ist nicht für die Ewigkeit gemacht? Und Sie behaupten, das alles ergäbe sich mehr oder weniger aus den Newtonschen Bewegungsgleichungen?

Ha! Ha! Sie wissen, daß Sir Isaac Newton sehr gut rechnen konnte und daß er mit Ihren Ergebnissen bestimmt nicht einverstanden gewesen wäre. Ha! Ha! – Ha! Ha! Ha!

Was für eine Schande! Blasphemie! Blas …

Newton rang nach Luft und stampfte mit dem Fuß auf den Boden. Er war derart in Rage geraten, daß er jegliche Contenance verloren und völlig vergessen hatte, wo er war.

Augenblicklich zuckte er zusammen und starrte zum Schreibtisch, wo sich der dunkle Schopf der jungen Frau gerade nach hinten drehte.

Der Schweiß lief in Tränenrinnsalen über Newtons hageres Gesicht. Das nasse Taschentuch zitterte zwischen seinen knochigen Fingern. Er wollte der peinlichen Entlarvung noch zuvorkommen und hob zu einer Entschuldigung an – die Stimme versagte ihm.

Im selben Moment klingelte das Telefon. Renu Malhotra nahm den Hörer ab. Ihre Kinder waren am anderen Ende der Leitung. Sie lachte, hob mit der linken Hand die Jalousien an und schaute nach draußen, wo die Abendsonne bereits hinter Tucsons Palmen unterging.

Noch einmal hörte Sir Isaac Newton ihr Lachen. Er schleppte sich den Flur entlang und erreichte mit letzter Kraft den Fahrstuhl. Dann zog ihn die Schwere nach unten.

28. Planeten ohne Fahrplan

13. März 1930: Der junge amerikanische Astronomiestudent Clyde Tombaugh hat einen neuen Planeten entdeckt. Der Himmelskörper ist weit weg, weiter als Neptun. Die Spötter aber sagen, das sei überhaupt nicht weit, sie könnten mit ihren Teleskopen noch viel weiter schauen: bis zu anderen Sternen, bis zu Galaxien, deren Licht sechs Millionen Jahre unterwegs war, um zur Erde zu gelangen.

Doch was heißt das schon, da sie doch das Naheliegende übersehen. Zum Beispiel den Planeten: eine Insel am Rand unseres Sonnensystems. Sie ist klein, mehr läßt sich vorerst nicht sagen. Denn während Tombaugh in Flagstaff in Arizona durch sein Teleskop schaut, erkennt er nicht einmal die Umrisse der Planetenkugel. Er sieht nur ein wanderndes Pünktchen am Himmel.

»Ein wanderndes Pünktchen, aha!« sagen die Spötter. Und gähnen. Ihr Universum ist riesig. Sie blicken bereits zum Andromeda-Nebel und zu anderen Milchstraßen. Sie haben Galaxien gesehen, die Milliarden Sterne bergen, Sterne wie unsere Sonne. All diese Welten streben von uns weg. Gerade haben sie ein Sternensystem gefunden, das mit 1000 Kilometern pro Stunde von der Erde forteilt! Wer hat da noch Zeit zu verlieren? Wer will sich in diesen Sternstunden der Kosmologie um einen unscheinbaren Planeten kümmern?

Der Erfolg gibt ihnen recht. Denn es stellt sich heraus, daß das Weltall expandiert. Und während der sichtbare Kosmos immer größer wird, bleibt der gerade entdeckte Pluto eine unbedeutende Randerscheinung unseres Sonnensystems, auch wenn Clyde Tombaugh, angespornt durch seinen Fund, die Suche nach Planeten fortsetzt.

Er arbeitet einen umfassenden Beobachtungsplan aus.

Plutos Gesellen: Seit 1992 haben Astronomen etwa 800 Kleinplaneten in Plutos Nachbarschaft entdeckt, darunter auch den hier gezeichneten Himmelskörper 1998 WW31.

Denn er glaubt nicht, daß das Sonnensystem mit dem neunten Planeten, mit Pluto, abrupt endet. Systematisch tastet er sich durch die Sternbilder, wechselt die fotografischen Platten in konstantem Rhythmus, lichtet ein Gebiet am Himmel ab und macht in einer der folgenden Nächte noch ein Bild derselben Region. Alte und neue Sterne und Asteroiden tauchen auf den Platten auf. Tombaugh vergleicht sie mit den astronomischen Katalogen und dreht das Teleskop weiter im Tierkreis.

Er arbeitet wie ein Buchhalter, mustert den Himmel Punkt für Punkt. Er durchsucht 75 Quadratmeter Plattenfläche Millimeter für Millimeter nach einem Wanderer, nach dem schwachen Lichtschein eines weiteren fernen Planeten, Nacht für Nacht. Ein Exzeß der Gründlichkeit.

Nach dreizehnjähriger Suche gibt Tombaugh schließlich auf, ohne den zehnten Planeten entdeckt zu haben. Geht das Sonnensystem jenseits des Pluto vielleicht wirklich in die Leere des interstellaren Raumes über, in eine unabsehbare Finsternis, die sich bis zum nächsten Stern erstreckt?

Der nächste Stern ist weit weg, vier Lichtjahre entfernt. Aber er ist so viel heller als Pluto, daß über den Stern Proxima Centauri einstweilen mehr in Erfahrung zu bringen ist als über den neuen Planeten. Selbst die Galaxien, deren Strahlen aus ungeahnter Ferne zu uns kommen, gewähren den Astronomen einen tieferen Einblick als der periphere Planet.

60 Jahre nach Tombaughs Entdeckung ist aus dem Lichtpunkt Pluto immerhin ein Scheibchen geworden. Dank der besseren Teleskope erkennen die Astronomen nun, daß der Planet noch viel kleiner ist, als Tombaugh zunächst vermutet hatte, winziger noch als der Erdenmond.

Am Fernrohr indessen kommt immer noch der eine oder andere Forscher zum Zuge, der nach einem zehnten Planeten im Sonnensystem sucht. Auch David Jewitt gehört zu ihnen. Er sitzt im Kuppelturm, hält im dicken Pullover Wache am Computermonitor und hört Heavy Metal. Das Teleskop auf dem Mauna Kea, Hawaiis erloschenem Vulkan, schiebt sich derweil auf einer stählernen Brücke, vom Computer gesteuert, durch einen Schlitz in die kalte Nacht.

Die Kameratechnik macht innerhalb kürzester Zeit ermunternde Sprünge. Jewitts Gesichtskreis erweitert sich Bildpunkt für Bildpunkt. Vier Jahre verstreichen, Jahre, in denen ihn Jane Luu oft auf den 4200 Meter hohen Gipfel begleitet. Am Abend, die Bergfahrt, der Abstieg im Morgengrauen. Dazwischen vergehen Stunden, in denen die beiden Astronomen Aufnahmen in Dateien und Ordnern, Verzeichnissen und Registern ablegen.

Im Sommer 1992 sitzen Jane Luu und David Jewitt wieder einmal gemeinsam vor ihren Computerbildschirmen. In der letzten Augustnacht machen sie die üblichen Serienaufnahmen im Sternbild Fische. Und diesmal blinzelt ihnen aus dem Schwarm ein Lichtpunkt zu, er springt vor ihren Augen hin und her. Auf dem dritten Bild hüpft er noch ein Stückchen weiter nach links, gerade so viel, wie man es von einem weit entfernten, wandelnden Planeten erwarten würde.

Und tatsächlich haben sie dank ihrer Ausdauer einen neuen Kleinplaneten im Sonnensystem entdeckt, einen Himmelskörper von der Größe Islands, nur ein bißchen kälter und dunkler. Die Strahlen der Sonne erreichen den Planeten kaum, seine Oberfläche ist schwärzer als Kohle.

Jane Luu und David Jewitt setzen die Suche nun mit noch größerem Enthusiasmus fort. Sie entwickeln dieselbe Leidenschaft wie seinerzeit Clyde Tombaugh. Und keine sechs Monate später werden sie erneut belohnt. Diesmal haben sie ihr Teleskop auf die gegenüberliegende Seite des Sonnensystem gerichtet.

Kurz darauf finden die Astronomen noch einen Kleinplaneten und wieder einen. All diese Himmelskörper sind etwa so weit von der Sonne entfernt wie Pluto. Und plötzlich ist der neunte Planet des Sonnensystems von einem ganzen Haufen finstrer Gestalten umgeben.

Eben noch war Pluto ein Außenseiter, ein Zwerg am

Rande unseres Planetensystems. Doch innerhalb von zehn Jahren tauchen 800 Kleinplaneten in seiner Nachbarschaft auf, füllt sich der vormals leere Raum um ihn herum mit Materie. Das Sonnensystem ist plötzlich wieder nach außen hin offen. Es hat keine erkennbare Grenze mehr und ist für die Forscher rätselhafter denn je.

Varuna und Yxion stechen zunächst aus der Vielzahl der Kleinplaneten heraus. Sie haben Durchmesser von etwa 1000 Kilometern. Im Herbst 2002 kommt Quaoar hinzu. Er ist mit 1250 Kilometern Durchmesser mehr als halb so groß wie der eisbedeckte Pluto, wenngleich viel dunkler.

Jane Luu und David Jewitt haben ein neues Fenster zum Universum aufgestoßen. Denn eines läßt sich inzwischen sagen: Jenseits des Neptun gibt es Hunderttausende, womöglich sogar Milliarden weit verstreute Himmelskörper, die alle zu unserem Planetensystem gehören und in weiten Bögen um die Sonne ziehen. Sie sind pechschwarz und reflektieren das Licht der Sonne kaum. Vielleicht sind sogar Planeten von der Statur des Mars oder der Erde darunter.

Etliche von ihnen sind Planeten ohne Fahrplan. Sie laufen nicht auf nahezu kreisförmigen Kreisbahnen um die Sonne, sondern durchkreuzen die Sphären anderer Himmelskörper.

Das Sonnensytem ist voller Irrläufer. Da gibt es namenlose Vagabunden wie 1999 CF119, die die Region des Pluto und bislang völlig unerforschte Bereiche weit außerhalb unserer Sichtweite miteinander verbinden. Weiter innen schlenkern Pholus und seine Kumpanen zwischen Jupiter, Saturn und Uranus hin und her. Und noch näher zur Sonne hin ziehen Asteroiden wie Ikarus oder Dädalus ihre Bahn, die den Weg der Erde und des Mars schneiden und irgendwann mit ihnen zusammenzustoßen drohen.

Unsere kosmische Heimat ist unübersichtlich geworden. Sie zeigt sich nicht mehr als harmonisch ausbalanciertes Gefüge. In einem zu keinem tieferen Sinn auflösbaren Gewimmel und Durcheinander arrangieren sich die Planeten immer wieder neu. Wir müssen heute annehmen, daß nicht einmal die größten Planeten in dem Abstand von der Sonne entstanden sind, wie wir sie jetzt sehen. Vor allem in der turbulenten Frühzeit des Sonnensystems scheinen einige von ihnen, etwa Neptun und Uranus, weit gewandert zu sein.

Erst nach und nach haben die Planeten zu ihrer jetzigen Konfiguration zusammengefunden. Sie wird sich auch weiterhin ändern, allerdings in großen Zeitspannen und in unkalkulierbarer Weise. Wir können uns nicht einmal mehr sicher sein, ob nicht eines fernen Tages selbst einer der großen Planeten aus dem Sonnensystem ausgestoßen wird. Vielleicht sogar unsere Erde.

Kapitel VIII
Steine

Mit langem Schweif: Ein Komet weist in dem Fresko des Malers Giotto den Weg zu Bethlehems Stall. Der Halleysche Komet hat hier womöglich Modell gestanden, den Giotto 1301 mehrere Monate lang beobachten konnte.

29. Giotto

Im Jahre 1304 kam Giotto di Bondone in die oberitalienische Stadt Padova. Enrico degli Scrovegni hatte hier zwei Jahre zuvor auf dem Gelände eines römischen Amphitheaters, der Arena, mit dem Bau seines Palastes begonnen. Giotto hatte den Auftrag erhalten, die Kapelle mit Fresken zu schmücken.

In den nun folgenden Jahren komponierte der florentinische Maler einen wunderbaren Zyklus, in welchem er das Leben Christi und der Muttergottes darstellte. Die Wandmalereien in der Arena-Kapelle sind dank der damals verwendeten Technik erhalten geblieben.

Giotto entwarf die Wandbilder zunächst auf dem Rauhputz. Danach wurden die Szenen Abschnitt für Abschnitt mit einem feineren Putz überdeckt. Auf diesen frischen, nicht zu feuchten und nicht zu trockenen Kalkputz malten die zahlreichen Künstler, die ihm zur Seite standen, denselben Ausschnitt noch einmal. Der Malgrund trocknete rasch. Es galt daher, jeweils nur soviel des Bildes zu übertünchen, daß das Segment innerhalb eines Tages mit Pigmenten und Erdfarben kopiert werden konnte.

Der Meister ging mit einem ganzen Künstlertroß zu Werke. Er beauftragte manchmal auch ausgewiesene Experten mit der Ausführung einzelner Details. Und so bleibt es ungewiß, auf wen die Darstellung des Kometen in dem Fresko »Anbetung des Christuskindes« letztlich zurückgeht.

Der Komet steht leuchtend in der Mitte des oberen Bildrandes. Mit seinem kugeligen Kopf und dem nebelhaft auslaufenden Schweif fährt er zu Bethlehems Stall hinab. Er weist den Heiligen Drei Königen den Weg und gibt dem Bild eine große räumliche Tiefe.

Es ist die vermeintlich erste naturgetreue Darstellung eines Kometen in der Malerei. Und es kann nach Ansicht der Kunsthistorikerin Roberta M. J. Olson kaum Zweifel daran geben, daß hier der Halleysche Komet Modell gestanden hat. Giotto hatte die eindrucksvolle Erscheinung vermutlich selbst beobachtet. Denn der Halleysche Komet war im Herbst 1301 hell und strahlend über den Himmel gezogen und mehrere Monate lang sichtbar geblieben.

Seit Giottos Zeiten hat der Halleysche Komet die Sonne neunmal umrundet. Er ist immer wieder im Hinterhof des Neptun verschwunden und hat den größten Teil seines Lebens in jenen eisigen Gefilden zugebracht, die seiner Herkunft und seinem Naturell am ehesten entsprechen.

Aber alle 76 Jahre hat ihn die Sonne mit ihren langen Fingern zurückgeholt. Und jede dieser Annäherungen an die Sonne ist in der Geschichtsschreibung festgehalten worden – seit 240 vor Christus. Denn ein ums andere Mal hat der Komet ein neues Glanzlicht gesetzt.

Im März 1986 konnte die Menschheit das Schauspiel erstmals aus nächster Nähe betrachten. Die europäische Weltraumsonde »Giotto« flog dem Halleyschen Kometen in rasender Fahrt entgegen und richtete ihr kleines Spiegelteleskop auf ihn.

Der Maler Giotto hatte dem hellen Zentrum des Kometen einen achtzackigen Stern eingeschrieben, ihn mit Tempera- und Goldfarbe ausgeschmückt. Im stürmischen Vorbeiflug zeichnete sich nun eine ganz andere Gestalt ab: Da war kein funkelnder Stern und auch keine eisig-glitzernde, schneeweiße Kugel, wie man zuvor vermutet hatte. Hinter fein verteiltem, leuchtendem Staub zeigte sich dagegen eine immer größer werdende, dunkle Silhouette. Der Kern des Kometen, aus dem helle Staub- und Gasfontänen herausschossen, war selbst ein rabenschwarzer Brocken, schwärzer noch als Koks. Eine kalte Eierkohle bescherte der Menschheit seit Jahrtausenden prächtige Himmelserscheinungen. Der 20 Millionen Kilometer lange, sonnenbeschienene Schweif des Halleyschen Kometen entströmte einem der finstersten kosmischen Klumpen.

Wie Horst-Uwe Keller und sein Team vom Max-Planck-Institut für Aeronomie in Katlenburg-Lindau nach und nach aus den Bildern herauslasen, war der Kometenkern unförmig und nicht mehr als 15 Kilometer lang. Er hatte pechschwarze Hügel und Täler. Der Halleysche Komet sah aus wie eine notdürftig zusammengeschaufelte Kohlenhalde.

Nur hier und da zog die Wärme der Sonne Staub und Gas aus dem dunklen, frostigen Boden heraus. Staub und Gas prasselten auch gegen den doppelten Schutzschild der Raumsonde. Eigens dafür vorgesehene Bordinstrumente fingen diese Partikel ein, die von der Oberfläche des Kometen abdampften, die aus seinem Inneren, aus Löchern und Poren, austraten und im Licht der Sonne leuchteten.

Während die Sonde und der Komet mit einer Geschwindigkeit von 250 000 Kilometern pro Stunde aufeinander zurasten, wurde der Staubhagel immer heftiger. Von ihrer irdischen Warte aus registrierten die Forscher die Einschläge mineralischer Körnchen aus Magnesium und Silizium, Eisen und Sauerstoff.

Die Staubkörnchen waren von dicken Eismänteln umhüllt, von Schichten aus organischen Molekülen. Bei Temperaturen unter minus 200 Grad Celsius konservierte der Komet eine ganze Palette von Kohlenstoffverbindungen. In seinen Eiskammern gab es Blausäure, Formaldehyd und Acetonitril. Diese und andere organische Stoffe machten etwa 30 Prozent der Kometenmaterie aus – ein völlig unerwarteter Reichtum an komplexen Verbindungen, von denen die Forscher mit Hilfe der Meßgeräte nur die einfachsten identifizieren konnten.

Ansonsten bestand der Komet vor allem aus gefrorenem Wasser. Er war ein sehr schmutziger Schneeball, und bei jedem Umlauf um die Sonne schmolz eine etwa drei Meter dicke Eisschicht dahin.

Die Raumsonde sauste in die immer dichter werdende

Kometenwolke hinein. Am 13. März 1986 gegen Mitternacht flog sie im Abstand von nur 600 Kilometern am Kern des Kometen vorbei. Wenige Sekunden bevor sich ihre Wege kreuzten, kurz vor dem minuziös geplanten Tête-à-tête, geriet der Automat ins Taumeln. Er hatte sich zu nahe herangewagt.

Die Kamera, die Horst-Uwe Keller gebaut hatte, fiel nun aus. Sie hatte inzwischen bereits mehr als 2000 Bilder gemacht und alle vier Sekunden neue Daten zur Erde geschickt, damit ja keine Informationen verlorengingen. Das letzte Foto erreichte die Forscher aus nur noch etwa 1000 Kilometern Distanz vom Kern des Kometen, eine geradezu unglaubliche Nahaufnahme, verglichen mit den 150 Millionen Kilometern Entfernung, aus denen der Maler Giotto den Halleyschen Kometen einst beobachtet hatte.

Die verschwommene Nahaufnahme zeigt eine ganz andere Wirklichkeit als die des Malers: diffuse Lichtflecke, die ohne wissenschaftliche Diskussion und Spekulation nicht zu deuten wären. Die Forscher legten jeweils zwei Datenpakete übereinander, um das Rauschen und Flimmern aus den Falschfarbenaufnahmen zu eliminieren. Erst die Mathematik machte ein Bild aus den Daten. Sie ist inzwischen ein unverzichtbares Hilfsmittel für fast alle Aufnahmen in der Astronomie.

Wir bewundern den wissenschaftlichen Diskussionsstil, der uns zu Sehenden macht, so wie wir Giottos künstlerischen Stil bewundern. Beide sind Ausdruck einer für uns erfahrbaren Wirklichkeit. Aber schon bei der nächsten Rückkehr des Halleyschen Kometen im Jahre 2061 werden die Bilder vermutlich wieder völlig andere sein.

30. Gespaltene Kerne

Im Winter des Jahres 1845 warteten Astronomen in ganz Europa auf die Rückkehr eines Kometen. Der Halleysche Komet war bereits zweimal zur vorberechneten Zeit eingetroffen. Diesmal sollte ein anderer Kandidat auf seiner mathematisch ermittelten Tournee durchs Planetensystem bei der Erde vorbeischauen, einer, der sein Gastspiel in viel kürzeren Zeitabständen gab.

Der österreichische Astronom Wilhelm von Biela hatte den Kometen im Februar 1826 beobachtet. Und nach einer ordentlichen Premiere war Bielas Komet 1832 abermals ins Licht der Sonne getreten. Sein nächstes Comeback, wiederum sechseinhalb Jahre später, war wegen schlechter Sichtverhältnisse nicht glücklich verlaufen. Doch im Winter 1845/46 sollte sich erneut die Möglichkeit ergeben, den Schweifstern eingehend zu studieren.

Im November tauchte Bielas Komet wie erwartet am Nachthimmel auf. Im Laufe der Wochen breitete er einen bescheidenen Schweif aus. Den Höhepunkt seines Auftritts erlebten die Menschen, die ihn bis zum Januar 1846 im Auge behielten, als er der Erde bereits um einiges nähergekommen war.

Nach kurzem, plötzlichem Aufflackern zerfiel der Komet in zwei Teile. Die beiden Bruchstücke entfernten sich langsam voneinander, und dem kleineren von ihnen wuchs nun ebenfalls ein Schweif. Ein paar Tage lang überstrahlte das kleine Kometenfragment sogar den vormals helleren Brocken.

Seite an Seite zogen jetzt zwei Kometen des Weges. Sie zuckten und blitzten. Vorübergehend umschlang ein helles Lichterband beide Schweifsterne.

Mit den Wochen verblaßten die Kometen. Schließlich hat-

Zurückgekehrt: Der Halleysche Komet nähert sich der Sonne alle 76 Jahre. Zuletzt zog er 1986 mit 20 Millionen Kilometer langem Schweif über den Himmel.

ten sie sich wieder so weit von der Sonne entfernt, daß zuerst der kleinere erlosch und wenig später auch der größere aus dem Blickfeld der Astronomen verschwand.

Bielas Doppelkomet kehrte sechseinhalb Jahre nach diesem denkwürdigen Schauspiel noch einmal zurück. Inzwischen hatten sich beide Kometenteile weiter voneinander getrennt. Aber immer noch gärte es in ihrem Innern. Ihre Helligkeit nahm innerhalb weniger Tage zu und wieder ab.

1859 und 1866 warteten die Astronomen vergeblich auf die Rückkehr des Kometenpärchens. Und als sie 1872 zu gegebener Zeit wieder nach ihm Ausschau hielten, hagelte es plötzlich Sternschnuppen vom Himmel.

Die beiden Kometenkerne hatten sich offensichtlich in Staub aufgelöst, in ein feines Pulver, das die Erde nun auf ihrem Weg um die Sonne aufsammelte. Bei ihrem glühenden Eintritt in die Atmosphäre erleuchteten die Staubkörner den Novemberhimmel. Sie entfachten ein überraschendes, spektakuläres Feuerwerk: einen Meteorschauer.

Das aufsehenerregende Ende des Kometen ist beispielhaft für viele Schweifsterne. Ihr lockerer Zusammenschluß aus Eis und Staub bricht irgendwann in der Nähe der Sonne, eines Planeten oder auch, ohne ersichtlichen Grund, auf halbem Wege dorthin entzwei, wobei die Gasreserven aus dem kalten Kometenkern schnell und explosiv in den Weltraum austreten können. Der Zerfall der verbliebenen Fragmente wird durch derartige Eruptionen noch weiter beschleunigt.

Das Schicksal der Kometen hängt an einem seidenen Faden. Sie sind Spielbälle der auszehrenden Sonne und der Planeten. Sie können sich, wie Bielas Komet, in einen Meteorschwarm verflüchtigen oder aber – nach ausschweifender Jugend und einer Reihe von Umläufen – für immer erlöschen und einen dunklen Kern zurücklassen. Sie können ins Innere der Sonne oder auf einen Planeten stürzen und, was vielleicht noch häufiger vorkommt, aus dem Planetensystem herausgeschleudert werden.

Der Lebensweg vieler Kometen gleicht einer Irrfahrt auf stürmischer See. Am 28. Juni 1770 kam der Lexellsche Komet der Erde so nah wie seither kein zweiter. Mit seinem außerordentlich hellen Schweif flog er in nur sechsfachem Mondabstand an unserem Globus vorbei. Die Erde entging einem Zusammenprall damals recht knapp. Wie sich später herausstellte, hatte Jupiter den Kometen in Richtung Erde katapultiert.

Der Lexellsche Komet verschwand so schnell wieder aus der Gefahrenzone, wie er gekommen war. Er kreuzte die Bahn der Erde noch ein zweites Mal, danach wurde er nie mehr gesehen.

Denn im Jahre 1779 schrammte der Komet wiederum sehr dicht an Jupiter vorbei. Und diesmal verpaßte ihm der Riesenplanet keinen Stoß in Richtung Erde. Der Komet bekam in Jupiters Schwerkraftfeld statt dessen einen Schwung, der ihn weit nach draußen trug, so weit, daß sich der Lexellsche Komet erst in unserem, im 21. Jahrhundert, wieder der Sonne nähern wird. Er hat sich mittlerweile doppelt so weit von der Sonne entfernt wie Pluto.

Kometen wie der Lexellsche laufen im Sonnensystem kreuz und quer, mal einwärts, mal auswärts. Sie halten sich – zum Leidwesen der astronomischen Buchhaltung – an keinerlei Ordnung.

Der Komet Elst-Pizarro zum Beispiel hat sich mitten unter die Millionen Kleinplaneten gemischt, die zwischen Mars und Jupiter kreisen. Er wurde daher zunächst für ein gewöhnliches Mitglied des Asteroidengürtels gehalten, bis er 1996 einen sichtbaren Staubschweif hinter sich herzog und damit offenlegte, daß er im Grunde kein trockener Stein ist, sondern daß zumindest etliches Eis auf seiner Oberfläche liegt. Sein kleiner Schweif geriet auch im August und Dezember 2002 wieder ins Blickfeld der Astronomen und war inzwischen ein bißchen geschrumpft.

Der Komet Chiron umrundet die Sonne in knapp 51 Jahren einmal und pendelt zwischen den Bahnen des Jupiter,

Saturn und Uranus hin und her. Auch er wurde zuerst zu einer Klasse der Asteroiden gerechnet. Aber 1988 wurde Chiron bei der Annäherung an die Sonne plötzlich heller und heller. Staub und Gas traten aus seinem Kern aus und hüllten den Himmelskörper in eine Atmosphäre. Seither gilt auch er vielen Wissenschaftlern als Komet, ebenso wie seine Genossen Pholus und Nessus, Asbolus oder Chariklo.

Noch weiter draußen erhaschen die Astronomen kurze Blicke auf Vagabunden, die bislang kaum einzuordnen sind. Aber auch sie sind Himmelskörper aus Eis und Staub, ähnlich den rund 800 Kleinplaneten in Plutos Nachbarschaft, die Forscher zwischen den Jahren 1992 und 2003 entdeckt haben.

Sie alle sind potentielle Kometen. In den Außenregionen des Sonnensystems verbirgt sich vermutlich ein eisiges Reservoir aus unzähligen Himmelskörpern, von denen immer wieder der eine oder andere ins innere Sonnensystem gelangen wird, um sich im wärmenden Sonnenlicht in einen prächtigen Schweifstern zu verwandeln, sich schließlich in feinen Staub aufzulösen – oder aber auf einem der Planeten einzuschlagen.

Schlag auf Schlag: Der Komet Shoemaker-Levy-9 stürzte im Juli 1994 auf den Jupiter. Im Schwerefeld des Planeten war er zuvor in 21 Fragmente zerrissen worden.

31. Jupiters Lehrstück

Carolyn Shoemaker war 51 Jahre alt, als sie in das Geschäft ihres Mannes Eugene einstieg. Es war seine Idee. Eugene Shoemaker hatte über viele Jahre hin die Meteoritenkrater auf dem Mond und der Erde vermessen, aber neuerdings verbrachte er die Nächte am Teleskop und suchte nach Kleinplaneten und Kometen. Und jetzt, da die Kinder aus dem Haus waren, konnte ihm Carolyn dabei helfen.

Ein verrückter Einfall! Carolyn stand unter der Kuppel des Mount Palomar-Observatoriums. Das Teleskop war ein Rohr, so dick wie ein Baumstamm, ein einschüchternder, schwer beweglicher Koloß. Sie fragte sich, wie sie, die bislang Hausfrau und Mutter gewesen war, jemals ein solches Gerät bedienen sollte, wo doch schon die Benutzung eines Taschenrechners sie in Aufregung versetzte?

Carolyn stieg die Treppe hinunter. Während sich oben im Observatorium die Kuppel drehte und öffnete, schaute sie sich im Untergeschoß die Bilder der kleinen Planeten auf fotografischen Platten und Filmen an. Sie ließ sich über ihre Herkunft aufklären und freundete sich bald mit einem eher unauffälligen Instrument an, das Eugene gerade erst besorgt hatte. Es war die kleinste Apparatur in der nahe San Diego gelegenen Sternwarte: ein Stereomikroskop.

Carolyn beugte sich über das Binokular. Unter dem Mikroskop lagen zwei Fotografien des Himmels, die in kurzem zeitlichen Abstand gemacht worden waren. Die Bilder flossen langsam ineinander. Und je länger Carolyn durch die Linsen schaute, desto klarer hoben sich Vordergrund und Hintergrund, ruhende und bewegte Himmelskörper voneinander ab. Unter dem Stereomikroskop gewannen die Weltraumfotografien eine räumliche Tiefe, wie man sie selbst am Teleskop nicht wahrnahm.

Carolyn drehte an der Mikrometerschraube und lotete die Qualität des Gerätes aus. Sie, die moderne Apparate so gescheut hatte, studierte die faszinierende Technik nun mit einer beispiellosen Gründlichkeit und Gewissenhaftigkeit. Wenn sie an den feinen Rädchen drehte und die Bilder im Auge hielt, traten die Kleinplaneten plötzlich weit vor die Kulisse der Fixsterne. Sie schwebten und tanzten auf der nächtlichen Bühne.

Gemeinsam mit Eugene überlegte sie, wie man das neue Instrument weiterentwickeln konnte. Und an diese sukzessiven Verbesserungen war, wie sich später herausstellte, der außerordentliche Erfolg des gesamten Beobachtungsprogramms geknüpft.

Eugene machte die Bilder nun mit anderen Filmen, die für die Betrachtung unter dem Stereomikroskop besser geeignet waren. Und obwohl auch Carolyn die Fähigkeit erwarb, das Geschehen am Firmament mit dem Teleskop die ganze Nacht hindurch zu verfolgen, schaute sie sich weiterhin mit Vorliebe die bereits belichteten Filme an. Sie setzte sich vor das Binokular und genoß es, die erste zu sein, die auf den Filmen erkannte, was die Dunkelheit preisgegeben hatte.

Im September 1982 entdeckte Carolyn auf einem Film einen bis dato unbekannten Asteroiden, der im Katalog für Kleinplaneten die Nummer 3199 bekam, und nach diesem Auftakt ging es plötzlich Schlag auf Schlag. Sie stieß auf immer mehr Himmelskörper, die anderen Astronomen bis dahin verborgen geblieben waren.

Zwischen 1982 und 1994 wertete sie viele tausend Filme unter dem Stereomikroskop aus. Sie fand dabei 150 neue Kleinplaneten, etliche zusammen mit ihrem Mann Eugene, einige gemeinsam mit anderen Sternenguckern. Vor allem jedoch entdeckte sie dank ihrer Akribie und Präzision 32 neue Kometen. Trotz ihres späten Einstiegs hat sie damit bis heute mehr Kometen entdeckt als jeder andere lebende Wissenschaftler oder Hobbyastronom.

Mit einem dieser Kometen erlangte Carolyn Shoemaker eine ungeahnte Berühmtheit. Sie wäre im März 1993 beinahe über ihn hinweggegangen. Denn was ihr Mann Eugene und der befreundete Amateurastronom David H. Levy beim nächtlichen Streifzug über den Himmel zufällig mit der Kamera aufgenommen hatten, sah zunächst gar nicht aus wie ein Komet. Das kleine Objekt machte als leuchtender Balken neben Jupiter auf sich aufmerksam, ein Balken, der aussah wie ein Nebelfleckchen oder die Seitenansicht einer Galaxie.

Ein Forscher aus Arizona, den sie von der Beobachtung benachrichtigten, holte das seltsame Gebilde mit einem größeren Teleskop näher heran. Es war ein außergewöhnlicher Anblick. Der Komet Shoemaker-Levy-9 bestand aus 21 Fragmenten. Die vielen Bruchstücke waren wie an einer Perlenschnur aufgereiht.

Die nächste Überraschung war, daß diese Kometenkette nicht um die Sonne kreiste, sondern um den Planeten Jupiter. Shoemaker-Levy-9 war offenbar soeben in die Fänge des Jupiter geraten und in Stücke gerissen worden. Eine genaue Berechnung seiner Bahn brachte dann ans Licht, daß der Komet bei seinem nächsten dichten Vorbeiflug am Jupiter im Juli 1994 auf den Riesenplaneten stürzen würde. Und wegen Carolyns außergewöhnlichem Gespür sollte die Menschheit Zeuge dieses einmaligen Schauspiels werden.

Der Einschlag versprach, ein astronomisches Lehrstück ohnegleichen zu werden. Die zum Teil kilometergroßen Bruchstücke würden eines nach dem anderem in rasender Fahrt in die dichte Jupiteratmosphäre eindringen, darin explodieren und die Gashülle des Planeten aufreißen. Welches Donnerwetter die heftigen Detonationen auf dem Planeten anrichten würden, wagte niemand vorherzusagen.

Denn bis dato hatte die Menschheit nichts Vergleichbares miterlebt. Es gab lediglich ein paar Beobachtungen von Meteoriten, kleinen Brocken, die auf die Erde gefallen waren. Aber bereits Steine von einigen Dutzend Metern Durchmesser, wie jener, der 1908 in Sibirien in einer weitgehend unbesiedelten Gegend mehrere 1000 Quadratkilometer Wald abrasiert hatte, trafen die Erde offenbar nur in Abständen von einigen 100 oder 1000 Jahren. Und riesige Asteroiden oder Kometen, die eine globale Katastrophe auslösen und auf der Erde zu einem weltweiten Artensterben führen konnten, hatten unseren Planeten möglicherweise seit Jahrmillionen nicht mehr heimgesucht.

Im Juli 1994 konnte jedermann das Unwahrscheinliche mit eigenen Augen am heimischen TV-Bildschirm sehen: einen Zusammenprall kosmisches Ausmaßes. Nahezu sämtliche weltweit verfügbaren Teleskope waren zur vorberechneten Zeit auf die Südhalbkugel des Jupiter gerichtet. Auch das Weltraumteleskop »Hubble« und die »Galileo«-Raumsonde hielten die berechneten Einschlagstellen im Blick. Carloyn und Eugene Shoemaker kommentierten das Geschehen Tag für Tag zusammen mit David H. Levy im amerikanischen Fernsehen.

Die Explosionen übertrafen alle vorherigen Erwartungen. Bei jedem wuchtigen Einschlag eines Kometenfragments stiegen glühende Gase aus dem Innern des Planeten auf. Riesige Feuerbälle loderten über Jupiters Atmosphäre und hinterließen darin schwarze Flecken. Die Energie der Detonationen war um ein Hundertfaches höher als die Sprengkraft des irdischen Atomwaffenarsenals. Einige Brandmale waren größer als die ganze Erde.

Die Eruptionen warfen ein helles Licht auf die Geschichte unseres Sonnensystems, in dem Kollisionen wie diese immer wieder stattgefunden hatten. Perle für Perle verglühte Shoemaker-Levy-9. Und Carolyn vergoß ein paar Tränen, als der Komet, den sie im Jahr zuvor entdeckt hatte, schließlich für immer vom Nachthimmel verschwand.

32. Metamorphosen

Der Mond zeigt uns immerzu dasselbe Gesicht. In den dunklen Flecken seiner Oberfläche erkennen wir einen weit geöffneten Mund und große Augen, mit denen der Mann im Mond die Erde unablässig anschaut. Und erst seit ein kleines russisches Raumfahrzeug den Mond im Oktober 1959 umkreiste, wissen wir, wie das Nachtgestirn von hinten aussieht:

Das rückwärtige Antlitz des Mondes ist viel heller als die Vorderseite. Hier gibt es keine großen Flecken. Die uns abgewandte Mondhalbkugel ist beinahe völlig gesichtslos. Und bis heute ist es ein Geheimnis geblieben, warum der Mond zwei derart unterschiedliche Seiten hat, warum zu jener Zeit, als noch Vulkane auf dem Mond loderten, nur auf der erdzugewandten Hälfte Lava in größeren Mengen austrat, die Oberfläche mit basaltischen Deckschichten schwarz einfärbte und dem Mond sein Gesicht gab.

Abgesehen davon ist die Mondhinterseite der Vorderseite jedoch ziemlich ähnlich. Sie dokumentiert dasselbe Chaos aus Einschlägen und Zertrümmerung. Kometen und Meteoriten haben sich allerorten in den Mondboden gegraben, und einer von ihnen hat eine Delle auf der Mondrückseite hinterlassen, die so groß ist wie kein zweiter uns bekannter Krater im Sonnensystem.

Der South-Pole-Aitken-Krater umschließt den gesamten Südpol. Er ist 2500 Kilometer weit und 12 Kilometer tief. Er wurde beim Einschlag eines Himmelskörpers ausgehoben, der sicherlich mehr als hundert Kilometer groß und womöglich noch imposanter war als Chiron, das zur Zeit vielleicht gefährlichste Objekt in unserem Sonnensystem, das auf schwer berechenbaren Wegen zwischen den Planeten umherirrt.

Himmlische Mächte: Ein Komet trifft die Erde und reißt sie entzwei – eine Karikatur aus Frankreich aus dem 19. Jahrhundert.

Es ist erschreckend, sich vorzustellen, was passieren würde, wenn ein Komet wie Chiron die Erde in voller Fahrt träfe und in sie eindränge: Das Gestein der Erdkruste würde schmelzen und womöglich alles Wasser der Ozeane mit einem Male verdampfen. Der Aufprall würde alle Lebewesen auslöschen, mit Ausnahme vielleicht einiger besonders hitzeresistenter Mikroorganismen. Die Erdoberfläche würde weitgehend sterilisiert.

In der Geschichte unseres Planeten hat es solche Ereignisse anscheinend häufig gegeben, vor allem in seiner 700 Millionen Jahre währenden Jugend. Mehr als ein Dutzend Himmelskörper schwerer als der etwa 180 Kilometer große Chiron haben sich damals wohl in den Globus eingebrannt, Zehntausende größer als der Komet Halley.

Die Asteroiden und Kometen, die unsere Erde aufsammelte, brachten lebenswichtige Stoffe mit, die in unseren Breiten seltener waren als im äußeren Sonnensystem. Dazu gehörten zum Beispiel Wasser und Kohlenstoff.

Die Asteroiden, die zwischen Mars und Jupiter kreisen, bestehen aus bis zu 20 Prozent Wasser und bis zu 4 Prozent Kohlenstoff, der im wesentlichen in Form von teerartigen Substanzen vorliegt. Noch mehr organische Stoffe und mehr als doppelt so viel Wasser führen die Kometen mit sich. Sie kommen aus den kältesten, äußersten Gefilden des Sonnensystems, wo Wasser und Kohlenstoff leicht zu festen Partikeln kondensieren.

Die Kometen könnten maßgeblich zur Entstehung der Ozeane auf der Erde beigetragen haben. Aber der Ursprung der Weltmeere wird vermutlich erst dann aufgeklärt werden, wenn wir die Zusammensetzung der Kometen noch besser kennen. Erst nach einem genaueren Vergleich der chemischen Elemente und ihrer verschiedenen Spielarten, der Isotope, werden wir wissen, wie sehr die Entwicklung der Erde von einem stofflichen Austausch mit jenen Himmelskörpern geprägt wurde, die aus den kältesten Gebieten des Sonnensystems stammen.

Das Netz der Kräfte, in dem sich unsere Erde bewegt, reicht aber noch über die Ausläufer des Planetensystems hinaus. Denn jenseits unserer kosmischen Heimat, weitab der Sonne und ihrer Planeten, gibt es andere Sterne, die ebenfalls nicht stillstehen. Sie kreisen innerhalb der Milchstraße um das galaktische Zentrum. Sterne wie der rote Zwergstern Gliese 710 kommen dem Sonnensystem ziemlich nahe und wirbeln dabei die Kometen in den äußersten Regionen unseres Planetensystems durcheinander.

Derart ausgelöste Kometenschauer haben sich in der Erdgeschichte wohl des öfteren ereignet. Vielleicht haben auch sie dazu beigetragen, daß es in den vergangenen 500 Millionen Jahren mehr als ein Dutzend Mal zu einem außergewöhnlichen Massensterben auf der Erde gekommen ist. Dabei sind jeweils ein Viertel bis 90 Prozent aller existierenden Arten für immer verschwunden. Aber das Leben ist während dieser Zeit nie ganz ausgelöscht worden. Die Vielfalt der Lebewesen hat – im Gegenteil – nach den tiefsten Einschnitten mitunter besonders schnell zugenommen.

Wir schauen heute auf eine Kette gewaltiger Ereignisse und überraschender Wendungen zurück. Kometen- und Asteroideneinschläge haben eine Entwicklung der Erde mitgeprägt, die bis zu den Säugetieren und zum Menschen führte.

Die Säugetiere betraten die Bühne des Lebens vor mehr als 200 Millionen Jahren. Und auch ihrem ersten Auftritt folgte nach einiger Zeit eine weitere Szene in dem episodischen Spiel der Evolution: Die Säugetiere verbreiteten sich vermutlich erst so rasant, nachdem ein Asteroideneinschlag gegen Ende der Kreidezeit, vor etwa 65 Millionen Jahren, zum Verschwinden der Dinosaurier sowie mehr als der Hälfte aller auf der Erde lebenden Spezies geführt hatte.

Die Entwicklung nach diesem Einschlag verlief so unruhig, daß viele der zunächst erfolgreichen Repräsentaten der Säugetiere heute längst wieder verschwunden sind. Die ersten Vertreter der Gattung Homo tauchten erst vor etwa 2,5 Millionen Jahren auf. Diese ersten Menschen gingen aus den Australopithecinen hervor, die bereits zwei Millionen Jahre zuvor in Afrika gelebt und während dieser Zeit den aufrechten Gang entwickelt hatten. Viele Australopithecinen lebten noch mehrere 100 000 Jahre neben dem Homo habilis, dem Homo rudolfensis und dem Homo erectus weiter. Letzterem folgte schließlich der Homo sapiens, der moderne Mensch.

Er ist das Resultat zahlreicher Verwandlungen und erstaunlicher Wechsel. Wir, als einzelne Art, seien »das Endprodukt einer Zufallsreihe, die niemals zu so etwas wie uns geführt haben könnte, wenn sich auch nur ein einziger der abertausend Schritte ein kleines bißchen anders abgespielt hätte (was zweifelsohne hätte geschehen können)«, scheibt der Evolutionsbiologe Stephen Jay Gould. »Und alle Fragen, die wirklich und wahrhaftig uns selbst betreffen, sind – auch wenn sie als Erforschung zeitloser Grundprinzipien verbrämt daherkommen – letztlich Fragen, die man mit dem Zufall im Blick beantworten muß.«

Kapitel IX
Krater

Kleine Oase des Lebens: Hier ist die Erde zum Größenvergleich vor dem Großen Roten Fleck abgebildet, einem Wirbel in der Jupiteratmosphäre.

33. Flower-Power

Seit es Lebewesen auf der Erde gibt, hat sich das Gesicht unseres Planeten völlig verändert. Die Böden – von Lebewesen umgestalteter Fels. Die Luft, die wir atmen – von Lebewesen produziert. Die schützende Ozonschicht – von Lebewesen aufgebaut. Und die seit vier Milliarden Jahren lebensfreundlichen Temperaturen? Von den Lebewesen selbst reguliert, sagt James Lovelock.

Lovelock ist Atmosphärenchemiker. Er lebt seit geraumer Zeit fernab des wissenschaftlichen Betriebs in einem kleinen Landhaus in Südengland. Früher suchte er für die amerikanische Weltraumbehörde NASA nach Lebenszeichen auf dem Mars. Er baute außerdem ein nützliches Meßgerät, mit dem erstmals weltweit die Konzentration gefährlicher Treibhausgase wie der Fluorchlorkohlenwasserstoffe (FCKW) gemessen werden konnte.

Seine »Gaia-Theorie« entstand erst später in Zusammenarbeit mit der Biologin Lynn Margulis. »Gaia«, so wie die griechische Erdgöttin, nennt Lovelock den durch und durch belebten Globus. Er stellt sich die Erde als einen Superorganismus vor. Seiner Ansicht nach hat das Leben nach und nach Besitz von der Erde ergriffen. Es steuert sein Schicksal heute weitgehend selbst. Und da von den vier Milliarden Jahren Lebensgeschichte auf der Erde über mehr als drei Milliarden Jahre hinweg ausschließlich Mikroorganismen auf unserem Planeten existierten, hätten wir es in erster Linie ihnen zu verdanken, daß das Klima trotz der stetig steigenden Sonneneinstrahlung, trotz Asteroiden- und Kometeneinschlägen in all der Zeit so lebensfreundlich geblieben ist.

Wie Lebewesen die Temperatur auf einem Planeten langfristig regulieren könnten, verdeutlichte Lovelock Anfang der achtziger Jahre mit seinem Computermodell »Daisyworld«.

»Daisyworld« ist eine eigentümliche Welt. Es gibt dort nur zwei Arten von Gänseblümchen: weiße und schwarze. Beide Arten wachsen bei sommerlichen 20 Grad am besten, und sie gehen ein, wenn es heißer als 40 oder kälter als 5 Grad wird.

Langsam geht die Sonne über dem Gänseblümchen-Planeten auf. Ihre wärmenden Strahlen fallen auf die Planetenoberfläche, und »Daisyworld« beginnt zu leben. Bei fünf Grad erscheinen die ersten weißen und schwarzen Pflänzchen – das Spiel beginnt: Die weißen Gänseblümchen werfen ein Gutteil des Sonnenlichts wieder zurück, sie halten ihr Umfeld kühler. Die schwarzen dagegen absorbieren das Licht begierig und wärmen ihre nähere Umgebung. Das fördert ihr Wachstum und ihre Fortpflanzung und verschafft ihnen, solange es noch vergleichsweise kalt ist, einen derartigen Vorteil, daß sie sich rascher über den Planeten verbreiten. Und während »Daisyworld« mit schwarzen Gänseblümchen übersät wird, steigen die Oberflächentemperaturen auf dem Planeten an und erreichen bald die optimalen 20 Grad.

Dann nimmt die Strahlung der Modell-Sonne zu. Und da es nun heißer wird, erhalten die weißen Gänseblümchen nach und nach Selektionsvorteile, weil sie das Sonnenlicht reflektieren und dadurch in der Lage sind, den Planeten zu kühlen. Je stärker die Sonne scheint, desto mehr verdrängen sie die schwarzen Gänseblümchen und halten »Daisyworld« am Leben.

Die ersprießliche Wachstumstemperatur von 20 Grad bleibt auf »Daisyworld« nahezu konstant, obwohl die Sonneneinstrahlung über mehr als 45 Grad variiert. Erst bei extremer Sonnenhitze gehen schließlich beide Gänseblümchenarten ein.

Mit »Daisyworld« hat James Lovelock illustriert, wie sich Lebewesen nicht nur an ihre Umwelt anpassen, sondern dabei auch Umweltbedingungen wie die Temperatur zu ihrem eigenen Nutzen verändern. Und zwar nicht, weil sie klug sind und ihre Ziele vorausschauend verfolgen, sondern allein als Folge der natürlichen Selektion.

Vom Computermodell zurück zur realen Welt: Auch das Klima auf der Erde ist über eine lange Zeit hinweg stabil geblieben, obwohl die Sonne deutlich heißer geworden ist. Sie hat sich allmählich ausgedehnt, und die Temperaturen in unseren kosmischen Breiten müßten demzufolge heute, grob geschätzt, 20 Grad höher sein als vor vier Milliarden Jahren.

Aber das Klima auf der Erde hat sich nicht in diesem Maße geändert. Es ist, abgesehen von kurzzeitigen, mitunter heftigen Schwankungen, recht beständig gewesen, und zwar dank eines Regulierungssystems, an dem die Lebewesen großen Anteil haben. Sie nehmen Stoffe auf, wandeln sie um und setzen andere Substanzen als Abfallprodukte frei. Sie verändern damit die Zusammensetzung der Ozeane, der Gesteine und der Lufthülle.

Atmosphärische Spurengase wie Wasserdampf, Kohlendioxid und Methan hüllen die Erde in eine Glocke ein, ähnlich wie Glasscheiben ein Treibhaus. Im Innern des irdischen Treibhauses ist es gegenwärtig im weltweiten Mittel etwa 15 Grad warm. Ohne die wärmende Wirkung der Atmosphärengase wäre es dagegen um 33 Grad kälter, und alle Ozeane würden im Nu gefrieren.

Die heutige Konzentration der Treibhausgase in der Lufthülle unseres Planeten wäre ohne Lebewesen nicht vorstellbar. Aber wie wir inzwischen wissen, produzierten Mikroorganismen schon vor Urzeiten Spurengase, unter anderem erhebliche Mengen Methan, das die Erde besonders stark aufheizt. Es ist als Treibhausgas 23mal wirksamer als Kohlendioxid.

Die Methanerzeuger waren – um im Bild der Gänseblümchenwelt zu bleiben – die wärmenden schwarzen Gänseblümchen der Erdfrühzeit. Und es waren nicht die einzigen frühen Lebewesen auf unserem Planeten. Unter anderen breiteten sich auch Cyanobakterien in den Urmeeren aus.

Diese Blaualgen verfügten bereits über jenen Stoffwechsel, durch den alle heutigen Pflanzen ihre Energie gewinnen: die Photosynthese. Sie benutzten das Licht der Sonne, um Kohlendioxid aus der Atmosphäre abzubauen. Und das tun sie bis heute.

Die Cyanobakterien haben auf diese Weise mit dafür gesorgt, daß die Erdtemperatur trotz steigender Sonneneinstrahlung über Jahrmilliarden nahezu konstant geblieben ist. Sie sind das Pendant zu den kühlenden weißen Gänseblümchen in »Daisyworld«.

Die Analogie zu »Daisyworld« stößt allerdings schnell an ihre Grenzen. Während Lovelocks Gänseblümchenwelt veranschaulicht, wie ein belebter Planet dank seiner »Flower-Power« zu einem regulierten System mit lange Zeit gleichbleibender Temperatur werden kann, gab es in der Erdgeschichte mitunter heftige Temperatursprünge. So auch vor etwa 2,3 Milliarden Jahren, als die Erdfrühzeit abrupt endete.

Inzwischen hatten die Cyanobakterien die Erde bereits nachhaltig verändert. Sie hatten der Lufthülle nicht nur Kohlendioxid entzogen, sondern ihrerseits auch Sauerstoff freigesetzt.

Der bei der Photosynthese produzierte Sauerstoff war nicht gleich in die Atmosphäre gelangt. Über etwa eine Milliarde Jahre hinweg hatte unter anderem das in den Ozeanen gelöste Eisen den überschüssigen Sauerstoff aufgenommen. Doch irgendwann waren diese Kapazitäten erschöpft, und die Luft reicherte sich künftig mit Sauerstoff an.

Damit setzten dramatische Veränderungen ein. Unter dem Einfluß des reaktionsfreudigen Sauerstoffs kam es auf der Erde zu einer starken Verwitterung von Eisen-Schwefel-Verbindungen. Dadurch gelangte Schwefel über die Flüsse in die Ozeane, und Schwefel verarbeitende Organismen verdrängten nun die Methan erzeugenden Mikroben.

Der Atmosphäre ging dadurch das aktive Treibhausgas

Methan verloren. Es verringerte sich unter Anwesenheit des Sauerstoffs schlagartig. Die Erde kühlte sich stark ab und gefror kurzzeitig zum Schneeball; das gesamte Ökosystem geriet in eine seiner vielen Krisen.

Der Selektionsdruck auf die Mikroorganismen nahm in dieser kritischen Situation erheblich zu, denn der Sauerstoff war für die meisten von ihnen tödlich. Sie starben aus oder wurden in Nischen zurückgedrängt, in denen sie zum Teil bis heute überlebt haben. Andere Arten lernten allerdings, sich vor der chemischen Aggressivität des Sauerstoffs zu schützen. Und schließlich entstanden erste atmende Organismen, die den Sauerstoff nicht nur vertrugen, sondern ihn dazu verwenden konnten, ihre Nahrung zu verbrennen – so wie wir Menschen auch.

Die atmenden Lebewesen erzeugten bei der Verbrennung von Sauerstoff selbst Kohlendioxid – jenes Treibhausgas also, welches die Photosynthese treibenden Mikroorganismen wie die Cyanobakterien ihrerseits benötigten. Damit schloß sich ein neuer Kreislauf, eine neue Artengemeinschaft von »Gänseblümchen« hatte sich etabliert.

Die Atmer vermehrten sich rasch. Aber erst als das Leben schon mehr als drei Milliarden Jahre lang in den Meeren ausgeharrt hatte, eroberte es schließlich die Landflächen der Erde, breiteten sich Pflanzen und Tiere in einer bis dahin ungeahnten Vielfalt und Formenfülle über die Kontinente aus. Das Leben gestaltete nun auch die Erdoberfläche völlig um. Es nahm das Festland bis in die hintersten Winkel ein, und das macht es in der Tat verlockend, die ganze Erde als das lebende Gebilde zu sehen, das sie in Lovelocks Augen darstellt: »Gaia«.

An einem bestimmten Punkt in der Entwicklung unseres Planeten hätten sich Mikroorganismen, Meere, Luft und Steine zu diesem Superorganismus verbunden, meint Lovelock. Und wenn das Leben einen Planeten erst einmal in dieser Weise eingenommen und die ersten Krisen überstanden habe, dann sei es so schnell nicht mehr auszulöschen.

Insbesondere die Mikroorganismen sind Anpassungs- und Überlebenskünstler. Sie haben allen Meteoriten- und Kometeneinschlägen, allen plötzlichen Hitzeperioden und Eiszeiten getrotzt und hängen ihren Mantel seit vier Milliarden Jahren nach dem Wind. Sie haben die Erde zudem aktiv in einer Weise umgestaltet, die ihre eigene Existenz und schließlich die schrittweise Entwicklung neuer Lebensformen begünstigte.

Möglicherweise sind einige dieser Entwicklungen lediglich besonders glücklichen Umständen zuzuschreiben. Vielleicht überschätzt Lovelock mit seiner »Gaia«-Theorie die Rolle des Lebendigen und die Möglichkeiten der Selbstregulierung, handelt es sich doch bei der Erde um eine sehr komplexe Koevolution von Biosphäre und Geosphäre.

Auch in der Geosphäre wirken für unser Klima bedeutende Kräfte: Gestein verwittert, Karbonate werden im Meer ausgefällt und der Atmosphäre dadurch Kohlendioxid entzogen. Dieses Kohlendioxid gelangt erst durch Vulkanismus und die ständige Verschiebung der Erdplatten zurück in die Luft. Daher glauben die meisten Wissenschaftler, daß die Vergangenheit der Erde eine Geschichte voller glücklicher Zufälle war, auf jeden Fall eine ganz andere Angelegenheit als die Entfaltung von »Daisyworld«, wo die Selektionsprozesse die Temperatur so nachhaltig zu begrenzen vermögen.

»Gaia«, der Superorganismus, könnte ein Wunschbild sein. Aber die Relevanz einiger Steuerungs- und Rückkopplungsmechanismen, die Lovelock aufgedeckt hat, ist inzwischen in der Fachwelt anerkannt, nachdem die »Gaia«-Theorie von Forschern lange völlig ignoriert oder als teleologischer Unsinn angegriffen wurde.

Wenn Lovelock recht haben sollte und das Leben irgendwann zu einer bestimmenden Kraft im Klimageschehen auf der Erde geworden ist, dann wäre die Existenz höherer Lebensformen auf unserem Planeten womöglich kein Mysterium. Vielleicht mußten die ursprünglichen Mikroorganismen nur die ersten schweren Krisen bewältigen, um die Erde dauerhaft und vollständig besiedeln zu können und schließlich den großen Reichtum der Arten hervorzubringen – einen Reichtum, den der Mensch heute mehr und mehr zunichte macht, indem er das labile Klimasystem der Erde durch Brandrodungen der Wälder, durch Kohlendioxid-Abgase aus Industrie und Verkehr durcheinanderbringt.

Höllenmond: Auf dem Jupitermond Io sind so viele Vulkane aktiv wie auf keinem anderen bekannten Himmelskörper.

34. Feuerzwerge

Überall auf unserem Planeten wimmelt es von Mikroorganismen. Sie leben über und unter der Erde und haben sich in alle Winkel und Nischen hinein ausgebreitet, sei es dort auch noch so kalt und dunkel, noch so trocken und noch so warm.

Karl Stetter ist Mikrobiologe und Spezialist für Feuerzwerge, winzige Mikroben, die mit dem bloßen Auge nicht zu sehen sind und unter außergewöhnlich heißen Bedingungen heranwachsen. Er sucht nach ihnen, wo immer sich ein Vulkan über dem Boden erhebt oder die Erde plötzlich aufreißt. Mal taucht er mit dem U-Boot 4000 Meter tief in den Atlantik hinab, um die Unterwasservulkane am Mittelozeanischen Rücken zu erreichen. Ein andermal kämpft er sich in der Antarktis tagelang durch Schnee und Eis, bis er an die vulkanischen Quellen des 3800 Meter hohen Mount Erebus gelangt. Dort angekommen, pult er mit einem Schöpflöffel in heißen Schwefelquellen herum, in der Hoffnung, ein paar neue Arten zu entdecken, die nur in dieser Gegend heimisch sind.

Stetters Entdeckungsreise beginnt Anfang der achtziger Jahre auf Vulcano, einer kleinen Insel nördlich von Sizilien. Er macht Urlaub mit seiner Familie, schwimmt in der Bucht von Porto Levante im flachen Wasser auf und ab, taucht zum Meeresboden und fischt nach Mikroben. Mit einer dicken, langen Spritze saugt er ein wenig vom Meeresgrund ein. Stellenweise ist der Untergrund in wenigen Metern Tiefe mehr als 100 Grad heiß. Nur wegen des erhöhten Drucks kocht das Wasser hier unten nicht.

In dieser vulkanischen Unterwelt tummeln sich unzählige Mikroorganismen. Auch Pyrodictium, eine bis dato unbekannte Kreatur, knüpft hier unten seine Netzwerke aus scheibenförmigen Zellen. Stetter holt ganze Kolonien von Pyrodictium-Mikroben ans Licht. Sie sind über feine Röhrchen miteinander verbunden. Der Forscher füllt sie sorgsam in Gläser, und Pyrodictium, das Feuernetz, fällt augenblicklich in eine Kältestarre.

Erst in Deutschland, in Stetters Labor, erwachen einige Mikroorganismen wieder, nachdem er ein geeignetes Umfeld für sie gefunden hat. Sie sind sehr empfindlich. Jeglicher Sauerstoff ist tödlich für die Mikroben. Statt dessen atmen sie Schwefel und Wasserstoff.

Der Wissenschaftler versucht, es ihnen so behaglich wie möglich zu machen, und stellt sie in den Ofen. 60 Grad, 70 Grad, 80 Grad Celsius – so langsam kommt Pyrodictium zu sich. Und als das Thermometer noch höher klettert, beginnen die Zellen zu wachsen. Doch erst bei 105 Grad Celsius und ausreichendem Druck blühen die Mikroben richtig auf. »Und wie sie lebten! Das hat mächtig zu stinken angefangen«, erzählt er.

105 Grad Celsius! Stetter traut seinen Augen nicht. Hat nicht der französische Mikrobiologe Louis Pasteur behauptet, daß bei solchen Temperaturen alles Leben verbrüht?

Tatsächlich zerstört solch extreme Hitze die Zellwände, Eiweiße und Nukleinsäuren der Lebewesen normalerweise in Sekundenschnelle. Pyrodictium aber hat sich an extreme Verhältnisse angepaßt, lebt in kochendheißen Schlammlöchern und Geysiren. Das Feuernetz ist dank spezieller Proteine und Enzyme sehr starr und äußerst hitzeresistent.

Stetter hat viel Mühe, die Mikroben am Leben zu halten. Aber er fahndet weiter nach ihnen und ihren nächsten Verwandten. Nach und nach dehnt er sein Jagdrevier auf alle vulkanischen Zonen der Erde aus und schreckt vor keiner Untiefe zurück. So entdeckt er im eisigen Nordalaska hitzeliebende Mikroben 4000 Meter tief unter der gefrorenen Erde, wo die Ölfelder 80 bis 100 Grad warm sind – und voller Feuerzwerge. Und immer wieder zieht es ihn mit dem Tauchboot zu den Unterwasser-Vulkanen der Südsee und des Atlantiks.

Dort unten ist ihm, als bewege er sich »durch einen düsteren, bizarren Wald«. In der kalten Finsternis der Tiefsee sieht er die Kamine schwarzer Raucher im hellen Scheinwerferlicht lodern, schlanke, dunkle Schlote, aus denen 300 Grad Celsius heiße Fontänen ins Meer aufsteigen. Das Tauchboot bewegt sich vorsichtig darauf zu, ein Greifarm bricht ein armlanges Stück aus einem Kamin heraus und packt es sogleich in eine dafür vorgesehene Kiste.

Im Innern des sorgfältig präparierten Tiefsee-Kamins funkeln silberfarbene Pyritkristalle. Und aus den porösen Wänden und Gesteinsritzen der schwarzen Knolle kratzt Stetter exotische Mikroorganismen heraus. Pyrolobus fumarii ist darunter, der Feuerlappen. Er hält noch höhere Temperaturen aus als Pyrodictium: Seine Zellen teilen sich selbst noch bei 113 Grad Celsius.

Die Entdeckung des Feuerlappens und der ihm verwandten Feuerzwerge ist jedoch nicht allein die Frucht einer abenteuerlichen Expedition. Karl Stetter züchtet seine Feuerzwerge in einem weltweit einzigartigen Laboratorium.

In seiner Hexenküche in Regensburg stehen sieben blaue Kessel aus emailliertem Stahl. In diesen Kochtöpfen kultiviert er die Hochtemperaturmikroben. Er muß dazu ihre jeweiligen Wachstumsbedingungen möglichst genau kennen. Die Menükarte der wählerischen Feuerzwerge, die in der Natur oft in engem nachbarschaftlichen Austausch mit anderen Organismen leben, stellt der Wissenschaftler individuell zusammen. Manche von ihnen begnügen sich mit Meerwasser und vulkanischen Gasen, andere vertragen hin und wieder auch ein bißchen Zucker, Olivenöl oder Fleischextrakt.

Was er hier in den Kulturgefäßen und Fermentationsanlagen mühsam zubereitet, kommt anschließend sofort in die Tiefkühltruhe. Die gezüchteten Mikroben werden in kleinen etikettierten Gefrierbeuteln konserviert: Archaeglobus, 72 Gramm, Thermotoga, 159 Gramm, Pyrodictium, 32 Gramm.

Jedes Gramm Mikrobenmasse besteht aus 1000 Milliarden Zellen. Und all diese Zellen sind Abkömmlinge einer einzigen Ursprungszelle, die Stetter zuvor unter dem Mikroskop mit einer Laserpinzette aus einem Gewimmel von Kleinstlebewesen herausgefischt hat.

Die Sammlung der Universität umfaßt etwa 1700 verschiedene Arten von Feuerzwergen – ein einzigartiger Schatz, und doch nur ein winziger Bruchteil all der Hochtemperaturmikroben, die an den heißesten Flecken der Erde im verborgenen leben.

Die Mikroben haben Eigenschaften, die sich industriell nutzen lassen. Sie liefern zum Beispiel Zusatzstoffe für Futtermittel oder wärmebeständige Reinigungsmittel. Was die Mikrobiologen aber vor allem interessiert, sind die genetischen Fingerabdrücke der sonderbaren Organismen.

Um ihre Abstammungsgeschichte zu erforschen, vergleichen die Wissenschaftler die Hochtemperaturmikroben mit anderen Lebewesen. Sie versuchen, die Kette des Lebens bis zu unseren ersten bakteriellen Vorfahren zurückzuverfolgen, indem sie Attribute ausfindig machen, die diese Organismen miteinander teilen, die für alle Mikroben unverzichtbar sind.

Karl Stetter und seine Kollegen haben festgestellt, daß die Feuerzwerge nicht zu irgendwelchen beliebigen Zeitpunkten in der Entwicklung des irdischen Lebens auftauchten. Pyrodictium und Pyrolobus, Archaeglobus und Thermotaga sitzen im Stammbaum des Lebens allesamt sehr weit unten, nahe der Wurzel.

Die Hochtemperaturmikroben sind offenbar die ursprünglichsten aller bislang bekannten Lebewesen. Sie sind schon vor Jahrmilliarden auf der Erde entstanden und haben sich seither nur wenig weiterentwickelt. Aus ihren Reihen kamen womöglich die Urahnen aller heutigen Lebewesen.

Ihre Genügsamkeit ist verblüffend. Feuerzwerge können sich die unterschiedlichsten Gegebenheiten zunutze machen. Die einen verarbeiten Schwefel und Wasserstoff zu Schwefelwasserstoff. Andere erhalten ihre Energie, indem sie Kohlendioxid mit Hilfe von Wasserstoff zu Methan umsetzen. Wieder andere Mikroben, etwa Archaeglobus, sind nahezu Allesfresser.

Vielleicht waren die hitzeliebenden Bakterien und Archaebakterien nicht die allerersten Lebewesen auf unserem Planeten. Vielleicht gab es vor Urzeiten noch primitivere Mikroorganismen, die längst ausgestorben oder bis heute unentdeckt geblieben sind. Aber wenn die Erde in ihrer Frühzeit regelmäßig von großen Meteoriten und Kometen getroffen wurde, die die Weltmeere zum Kochen brachten, so verkrafteten die Feuerzwerge die zwischenzeitlich extremen Zustände von allen uns bekannten Bakterien und Archaebakterien am besten. Sie haben Milliarden Jahre unter Bedingungen überlebt, die wir vor kurzem noch für absolut lebensfeindlich gehalten hätten.

Karl Stetter wird die Fährte zu den heißen Quellen des Lebens weiterverfolgen. Er glaubt mittlerweile, daß widerstandsfähige Organismen mit derart einfachen Nahrungsansprüchen auch auf anderen Planeten oder Monden zu finden sind. »Ich bin mir sicher: Wenn ich die Möglichkeit hätte, auf dem Mars eine Bohrung zu machen, würde ich auch da etwas finden.«

Seit vier Milliarden Jahren belebt: Die Erde geht über dem Horizont des Mondes auf.

35. Fossilien

An den Ufern der Shark Bay im Westen Australiens liegt die Felsenstadt der Stromatolithen. Wie mit Moos bedeckte Türme stehen die Häuser im salzigen Wasser. Oben auf ihren Dächern tummeln sich in dichten Matten blaugrüne Bakterien. Die tiefergelegenen Stockwerke sind versteinert und finster. Sie gehören den Toten. Generation um Generation fährt man die Etagen in die Vergangenheit hinab, die zurückgelegten Jahre verstreichen im Millimetertakt.

Die Stromatolithen in der Shark Bay sind unvollendete Bauwerke. Die Ahnen und Urahnen der heute lebenden Bakteriengemeinschaften haben die geschichteten Säulen sukzessive aufgebaut. Die jetzigen Dachbewohner sind dabei, weitere Geschosse hinzuzufügen.

Schon beim Morgengrauen schwärmen die blaugrünen Cyanobakterien aus. Sie atmen das Licht der Sonne, produzieren Sauerstoff und eine gelatineartige Masse. Dieser zuckerhaltige Klebstoff bindet Sandkörner und Sedimentpartikel aus dem Meerwasser. Die Sandkörner sind die Steine, der Kleber ist der Mörtel, aus denen die Maurermeister das neue Stockwerk hochziehen.

Unter dem neuen Dach finden auch andere winzige Kreaturen ein Refugium. Rote Purpurbakterien etwa, die das Licht herausfiltern, das die sonnenhungrigen Cyanobakterien zu ihnen durchlassen. Noch weiter unten siedeln sich Bakterien an, die überhaupt kein Sonnenlicht brauchen und sich von den Absonderungen der Cyano- und Purpurbakterien ernähren.

Mehrere hundert verschiedene Bakterienstämme kommen unter der Obhut der Cyanobakterien zusammen. Sie verfilzen zu einer Mikrobenmatte, die nicht viel dicker ist als ein Blatt Papier. In der schleimigen Lage fadenförmiger, kugeliger und einzelliger Organismen wandern Gase und andere Ausscheidungen auf und ab. Die Mikroben erzeugen ein Milieu, in dem sich auch neue Minerale bilden. Es entsteht Kalk, der sich nach und nach über das Gestein legt.

Wenn starke Stürme sehr viel Sand herantragen, was oft im Winter geschieht, so wird die Lebensgemeinschaft allerdings fast völlig begraben. Nur einzelne Bakterien finden dann noch den Weg nach oben durch die neue Deckschicht des Stromatolithen und verlassen ihre klebrigen Kapseln und Hüllen. Sie gründen eine neue Kolonie, die das Werk der Vorfahren fortsetzt.

In den Stromatolithen wechseln Schicht für Schicht organische Überreste von Bakterienfamilien mit Sand- und Kalkkrusten. Die Gesteinssäulen wachsen in der Shark Bay nahezu ungestört. Da das Wasser der Bucht außerordentlich salzhaltig ist, weiden hier keine Meeresschnecken, die andernorts die Felsen kahlfressen und das Aufblühen der Mikrobenmatten verhindern.

Als die Bakterien noch keinerlei Freßfeinde hatten, waren Stromatolithen sehr viel zahlreicher als heute. Ihre größte Vielfalt erreichten sie vor 1,1 bis 1,3 Milliarden Jahren. Überall auf der Erde enthalten Gesteine aus dieser Epoche fossile Stromatolithen der unterschiedlichsten Form und Größe. Die laminierten Säulen und Türme, Hügel und Dome wurden bis zu 100 Meter hoch.

Diese fossilen Stromatolithen stammen aus einer Zeit, da das Leben auf der Erde nichts war als eine sich unentwegt vermehrende, glitschige Masse. Bis vor 600 Millionen Jahren gab es auf unserem Planeten noch keine Tiere mit Skeletten, Schalen, Panzern oder Schuppen und noch keine Pflanzen mit Stämmen und Ästen, Stacheln oder Dornen. Die Lebewesen aus der Frühzeit der Erde hatten nichts Festes an sich, nichts, was die Zeit ohne weiteres hätte überdauern können. Aber dort, wo glibberige Ein- und Vielzeller in großer Schar miteinander kooperierten, schichteten sie Sand, Kalk und ihr ureigenes Gewebe zu beeindruckenden Bauwerken übereinander.

Erstmals tauchten die Stromatolithen vor etwa 2,3 Milliarden Jahren in größerer Zahl auf, als sich auf der Erde mächtige Kontinente bildeten. Möglicherweise entstanden erst mit diesen Landmassen genügend Schelfgebiete und Flachmeere, in denen sie wachsen konnten.

Aus der Zeit davor ist nur wenig Gestein erhalten geblieben. Bruchstücke kleiner Urkontinente haben Geologen unter anderem auf Grönland, in Südafrika und im Westen Australiens gefunden. In der kargen Pilbara-Region, nur wenige hundert Kilometer von der Shark Bay entfernt, entdeckten sie eine 3,5 Milliarden Jahre alte geologische Formation. Und in diesem Gestein, das nur eine Milliarde Jahre jünger ist als die Erde selbst, kam eine erstaunlich gut erhaltene Felsenstadt zum Vorschein: eine Stadt mit Säulen und Türmen aus regelmäßig übereinander angeordneten, dünnen Sedimentschichten, den ältesten Bauwerken der Erde.

Bakterien und Archaebakterien müssen bereits vor 3,5 Milliarden Jahren in hochentwickelten Gemeinschaften gelebt haben, um diese Stromatolithen hervorzubringen. Schon damals besiedelten sie die Felsen im Meer, und den Garten Eden sollte man sich angesichts dieses Fundes wohl als blühende Mikrobenmatte vorstellen.

Vielleicht waren Bakterien damals sogar schon in der Lage, sich das Sonnenlicht direkt zunutze zu machen und Sauerstoff zu erzeugen. Dann wäre die Entwicklung komplexer Organismen auf der Erde viel rasanter verlaufen, als Forscher lange vermutet haben; dann hätten Lebewesen wie die Cyanobakterien, deren Nachfahren man heute in allen pflanzlichen Zellen findet und die in Badezimmern und Teichen gleichermaßen zu Hause sind, 3,5 Milliarden Jahre überdauert.

Der Paläobiologe J. William Schopf aus Kalifornien legte 1993 aufsehenerregende Indizien für diese Hypothese vor. Schopf trat mit Abbildungen von Mikrofossilien an die Öffentlichkeit: Versteinerungen von Bakterien und ihren Zellbestandteilen, die er in 3,5 Milliarden Jahre altem Gestein entdeckt zu haben vorgab.

Damals war bereits bekannt, das solche Mikrofossilien unter günstigen Bedingungen in Feuerstein konserviert werden können. Schopf hatte 30 Jahre seines Lebens damit verbracht, mit Rasterelektronenmikroskopen und anderen technischen Hilfsmitteln nach solchen Mikrofossilien zu suchen. Nun glaubte er, in Westaustralien in geschliffenem Feuerstein fadenförmige Überreste urweltlicher Mikroben zu erkennen, und beschrieb sie als Cyanobakterien.

Ob diese länglichen Strukturen tatsächlich biologischer Herkunft sind, ist bis heute umstritten. Und selbst wenn es sich dabei um Mikrofossilien handelt, dann sind es möglicherweise nicht die Abdrücke von Cyanobakterien. Es könnten auch Relikte von Lebewesen sein, die einst tief unten am Meeresboden in der Nähe heißer Quellen hausten. Das jedenfalls vermutet der Paläontologe Martin D. Brasier aus Oxford, der den Ursprung des umliegenden Gesteins erforscht hat.

Vielleicht sind Stromatolithen vor 3,5 Milliarden Jahren nur von solchen Bakterien aufgeschichtet worden, die ihre Lebenskraft fernab vom Sonnenlicht aus primitiven Gärungsprozessen schöpften. Denn auch solche Mikroben sind imstande, große Bauwerke in die Welt zu setzen.

Deutsche Forscher zum Beispiel stießen zu Beginn des neuen Jahrtausends bei U-Boot-Tauchgängen im Schwarzen Meer auf bis zu vier Meter hohe Kalktürme. Die Türme sind innen und außen von üppigen Bakterienmatten überzogen. Sie sind allerdings nicht regelmäßig geschichtet, sondern besitzen ein Skelett aus Kalk, um das sich eine teilweise noch weiche, fleischige Mikrobenmasse legt. Die Organismen, die sich an diesen Bauten zu schaffen machen, leben von Methan und Schwefelverbindungen. Womöglich standen derartige Bakterienpaläste schon vor 3,5 Milliarden Jahren am tiefen Meeresboden.

Bislang können wir uns nur ein vages Bild von der urzeitlichen Lebenswelt machen. Die verläßliche Fährte der Cyanobakterien zum Beispiel verliert sich vor etwa 2,7 Milliarden Jahren in der australischen Pilbara-Region. Die Kette des bakteriellen Lebens aber läßt sich mittlerweile mindestens 3,5 Milliarden Jahre, einige Forscher meinen sogar 3,8 Milliarden Jahre zurückverfolgen.

Das ist eine ungeheuer lange Zeitspanne. Doch wenn sich morgen irgendwo ein neuer Spalt auftut, könnte eine noch ältere Felsenstadt und mit ihr das Werk einer noch ursprünglicheren Bakteriengemeinschaft aus dem Gestein hervortreten. Vielleicht sind die ältesten Zellen auf unserem Planeten so alt wie Sandkörner, und die belebte und die unbelebte Natur liegen seit jeher so dicht beisammen wie in den Schichten der Stromatolithen.

Geburtshelfer: Schweifsterne wie der Komet Hale-Bopp haben die Erde in ihrer Frühzeit mit Wasser und organischen Substanzen bereichert.

36. Ursuppe

»Die Entdeckung eines neuen Gerichts ist für die Menschheit von größerem Nutzen als die Entdeckung eines neuen Gestirns.«

Jean Anthelme Brillat-Savarin, der mit der »Physiologie des Geschmacks« eines der großen Werke der gastronomischen Literatur geschrieben hat, schätzte die Trüffeln der reinen Erkenntnis offenbar nicht sonderlich. Dabei sind die Rezepte, die den Gästen aus der Wissenschaft die Zunge lösen, genauso raffiniert wie eine Ente à la Brillat-Savarin, deren in geklärter Butter gebräuntes Fleisch unter Zuhilfenahme einer Injektionsspritze mit einer Mischung aus Cointreau, Thymian, Lorbeer und Pfeffer aromatisiert und anschließend gegart wird.

Um etwa die deftige Brühe anzusetzen, die im Jahr 1953 als Fond der »Ursuppe« in Forscherkreisen Furore machte, bedurfte es nicht nur ausgewählter Zutaten, sondern auch eines außerordentlichen Einfalls. Den hatte der junge Student Stanley Miller, der die reichhaltige Bouillon in einem Labor des Chemikers und Nobelpreisträgers Harold Urey im kalifornischen San Diego zubereitete. Urey selbst war von der Idee zunächst wenig angetan, unterstützte ihn aber dann doch dabei, die drei erforderlichen experimentellen Apparaturen aufzubauen.

Miller füllte reines Wasser in einen Glaskolben. Die Flüssigkeit repräsentierte den Ur-Ozean, die über dem Wasser im Kolben eingeschlossene Luft fungierte als Uratmosphäre. Sie bestand aus nur wenigen Gasen wie Kohlendioxid und Wasserstoff, Methan und Ammoniak, die nach damals gängiger wissenschaftlicher Auffassung vor etwa vier Milliarden Jahren in der Lufthülle der Erde vorhanden waren.

Miller ließ nun den Ur-Ozean langsam verdampfen und schickte elektrische Entladungen durch den Kolben, die wie Blitze durch die Uratmosphäre zuckten. Und es dauerte nicht lange, da begann sich das Wasser zu trüben. Die zugeführte Energie reichte aus, eine Vielzahl chemischer Reaktionen in Gang zu setzen. Luft und Wasser verbanden sich, die simplen Ingredienzien verwandelten sich in verzweigte Moleküle. Schon nach Ablauf einer Woche setzte sich an den Wänden und am Boden des Kolbens eine gelblich-braune Substanz ab. Sie enthielt zur Überraschung der Fachwelt Aminosäuren wie Glyzin, Harnstoff und andere lebenswichtige organische Stoffe.

Mit einem Rezept, das die Gegebenheiten der jungen Erde nachstellen sollte, hatte Miller einige Grundbausteine der lebenden Materie erzeugt. Dem Experiment nach zu urteilen, konnten die für die Biochemie der Organismen unentbehrlichen Aminosäuren sehr früh auf unserem Planeten entstanden sein. Sie tauchten unter geeigneten Bedingungen wie von selbst auf und leiteten die Entstehung des Lebens auf der Erde ein.

Aminosäuren sind, wie wir inzwischen wissen, unter noch geringerem Energieaufwand herstellbar als in dem Urey-Miller-Kochrezept. Sie haben sich in unserem Sonnensystem unter unterschiedlichen Verhältnissen spontan entwickelt, zum Beispiel in Meteoriten und vermutlich auch in Kometen.

Forscher haben inzwischen mehr als 70 verschiedene Aminosäuren in Meteoriten gefunden, darunter jene 20, die der Mensch braucht. Sie bilden sich auch bei Eiseskälte. Ein bißchen UV-Licht der Sonne zum Beispiel reicht aus, die vorhandenen chemischen Bindungen mit der Zeit aufzubrechen und längere Moleküle wie die Aminosäuren zu kreieren.

Herabstürzende Meteoriten und Kometen waren daher eine besondere Würze für die Ursuppe, in der das irdische Leben aufkeimte. Sie brachten organische Stoffe auf die

Erde und die Entwicklung in den Urmeeren und ihren Sedimenten womöglich voran. Größere, kettenförmige Kohlenstoffverbindungen gingen gleichfalls unmittelbar aus der Ursuppe hervor oder bildeten sich im Schlamm an den Oberflächen von Mineralen. Sie reicherten die Umgebung mit wesentlichen Komponenten lebender Zellen an.

Die entscheidende Etappe auf dem Weg von der unbelebten zur belebten Materie aber war damit noch längst nicht erreicht. Denn bis hierhin handelte es sich nur um einzelne, zusammenhanglose Bausteine. Was unser Staunen hervorruft, ist jedoch, daß sich aus solchen Makromolekülen irgendwann ein Organismus entwickelte, in dem Tausende verschiedene Arten von Molekülen zusammenwirkten und der imstande war, sich Generation um Generation fortzupflanzen.

Wie sich die Bausteine in der Ursuppe zusammenschlossen, um miteinander zu kooperieren und schließlich einen Organismus ins Leben zu rufen, davon haben Wissenschaftler bis heute nur vage Vorstellungen. Sie beziehen sich dabei jedoch immer stärker auf eine der Natur innewohnende Dynamik, auf eine Art molekulare Schöpfungskraft.

Je mehr unterschiedliche Moleküle sich in der Ursuppe bildeten, desto größer wurde die Zahl der chemischen Reaktionen, die zwischen ihnen möglich waren. Mit jedem neuen Molekül stiegen daher auch die Interdependenzen zwischen den Komponenten der Ursuppe. Und immer mehr Moleküle beschleunigten schließlich jene chemischen Reaktionen, infolge derer sie wiederum selbst entstanden.

Als die Zahl und Vielfalt der Moleküle eine gewisse Schwelle überstieg, entstanden möglicherweise mit einem Mal in sich abgeschlossene chemische Netzwerke. Ein rein quantitativer Unterschied ging über in eine Qualitätsdifferenz. Denn die in diesen Netzwerken ablaufenden Reaktionen wurden nun von selbst aufrechterhalten, und zwar überall dort, wo genügend Energie und Nährstoffe dafür zur Verfügung standen.

»Ein organisiertes Produkt der Natur ist das, in welchem alles Zweck und wechselseitig auch Mittel ist«, schrieb Immanuel Kant in seiner »Kritik der Urteilskraft«. Die hier skizzierten Netzwerke zeigen diese Art der Organisation. Sie sind zwar noch nicht lebendig im engeren biologischen Sinn. Aber Wissenschaftler wie der amerikanische Biologe Stuart Kauffman meinen, daß diese Kluft vielleicht nicht sehr groß ist.

Denn wenn ein ausreichender Vorrat an Nährstoffen vorhanden ist, dann kann sich ein solches in sich geschlossenes, chemisches Netzwerk plötzlich teilen und ein Subsystem mit denselben Eigenschaften erzeugen: Es kann sich reproduzieren und sogar – zumindest in Computersimulationen – eine gewisse Art der Evolution durchlaufen, wenn neue Moleküle integriert und damit neue Zustände getestet werden.

Vielleicht war die Ursuppe zu dünn, um solche Zyklen in Gang zu setzen. Aber die Chemikalien, die für einen Stoffwechsel vonnöten sind, könnten sich in gelartigen Tröpfchen gesammelt haben, die in manchen Lösungen spontan entstehen und dann in Stoffaustausch mit ihrer Umgebung treten.

Die genaue Rezeptur der Ursuppe scheint bei alledem nicht die entscheidende Rolle zu spielen. Zumindest ist der Stoffwechsel der uns bekannten Lebewesen nicht an fest vorgegebene Bedingungen geknüpft. Einige Organismen leben im sauren, andere im salzigen Milieu, in extremer Kälte und in ungeheurer Hitze, manche über oder weit unter der Erde. Und vor allem Bakterien und Archaebakterien sind hinsichtlich des Nahrungsangebotes ausgesprochen anpassungsfähig.

Derartige Beobachtungen und Theorien sprechen für die Universalität des Lebendigen. Mikroorganismen könnten demnach überall dort im Kosmos verbreitet sein, wo Wasser vorhanden ist und die physikalischen und chemischen Gegebenheiten einigermaßen moderat sind.

Viele zeitgenössische Forscher beziehen jedoch einen ganz anderen Standpunkt. In ihren Augen ist nicht diese Art der Organisation das hervorstechende Kennzeichen des Lebens, zumindest nicht des Lebens, wie wir es heute kennen. Sich selbst regulierende Stoffwechselsysteme mögen einen Weg zur Entstehung der einfachsten uns bekannten Zellen weisen, in denen bereits etwa 2000 Makromoleküle und einige 100 kleinere Moleküle zusammenarbeiten. Sie können aber noch nicht die Fähigkeit der Lebewesen erklären, sich über Generationen hinweg, allen nur erdenklichen Widrigkeiten zum Trotz, fortzupflanzen.

Hinter diesen Reproduktionsprozessen verbirgt sich das eigentliche Wunder des Lebens. Alle heutigen Lebewesen durchlaufen ihre Entwicklung mit einer verblüffenden Zielgerichtetheit und Präzision, die zum Beispiel von der befruchteten Eizelle zur erwachsenen Kreatur führt. Und selbst die einfachsten Bakterien und Archaebakterien zeigen dabei einen erstaunlichen Grad der Vollkommenheit. Ihre Entwicklung folgt einem genetischen Programm, das ausgeklügelte Kopiermechanismen, Reparaturfunktionen und doppelte Sicherungen enthält und dennoch die Möglichkeit gewisser Variationen offen läßt.

Der Ursprung des genetischen Programms liegt bislang völlig im dunkeln. Möglicherweise hat es viele 100 Millionen Jahre gedauert, ehe komplexe Nukleinsäuren und Legionen von Eiweißen zu jenem wirkungsvollen genetischen Code zusammenfanden, der dann einen Organismus nach dem anderen hervorbrachte, schon bestehende Lebewesen – mittels eines effektiven Genaustauschs – infizierte und so die Evolution immer neuer Lebensformen begünstigte.

Es ist verblüffend, wie ähnlich sich sämtliche uns bekannten Kreaturen sind, was ihre genetische Ausstattung betrifft: vom Bakterium über die Rose bis zum Menschen. Vielleicht reichte es aus, daß der genetische Code einmal entstand, um die ganze Fülle des heutigen Lebens auf der Erde zu erschaffen.

Trotzdem steckt das Geheimnis des Lebens sicherlich nicht allein in diesem Lebensstoff, einem effizienten genetischen Programm, das Wissenschaftler noch immer zu entziffern trachten. Die uns bekannten Genformationen und Stoffwechselsysteme sind vermutlich bereits späte Ausprägungen des Lebens. Dahinter verbirgt sich eine umfassendere schöpferische Kraft der Natur, die die Entstehung und Verbreitung von Organismen zuallererst möglich gemacht hat.

Kapitel X
Staub

Der Reigen der Planeten: Neptun, Uranus, Saturn und Jupiter müßten im Verhältnis noch weitaus größer abgebildet werden als die darunter liegenden Mars, Erde mit Mond, Venus und Merkur.

37. Außerirdische

Mitglied einer heutigen Elite zu sein bedeutet, Wunder und Staunen mit gepflegter Gleichgültigkeit zu betrachten; Aufklärung definiert sich teilweise noch immer als das Anti-Wunderbare. Aber tief innen, unterhalb der Äußerlichkeiten von Geschmack und Respektabilität, sehnen wir uns noch immer nach Wundern. Wenn wir mit großen Augen unter dem Himmel eines Planetariums sitzen oder in der Warteschlange heimlich eine Zeitschrift wie die Weekly World News durchblättern, warten wir immer noch darauf, daß das Seltene und Ungewöhnliche unsere Seele überrascht.

(Lorraine Daston und Katharine Park)

Wir staunen, wenn ein Brocken vom Himmel fällt und in ein Auto donnert. Wenn wir hören, daß ein Stein vor 4,5 Milliarden Jahren auf dem Mars entstanden ist und den Weg in die Antarktis gefunden hat. Wenn ein Meteorit von den Ausmaßen eines Wohnblocks über Sibirien explodiert oder ein rasender Komet, in viele Fragmente zerrissen, auf dem Jupiter einschlägt. Wir staunen über all diese Ereignisse, weil unsere ureigene Erfahrung uns lehrt, daß die Ordnung des Himmels unverrückbar ist.

Das Vertrauen darauf ist tief in unserer Kultur verwurzelt. Denn was gäbe es Verläßlicheres als den Kreislauf von Sonne und Mond? Die Gestirne bewegen sich mit einer Regelhaftigkeit, die allen Erscheinungen auf der Erde fremd ist, und der Himmel ist daher in allen Kulturen immer auch ein Gegenbild zu der Vergänglichkeit des Menschen gewesen. Daß die moderne Wissenschaft die Vorgänge im Kosmos mit universellen Naturgesetzen und in der präzisen Sprache der Mathematik beschreibt, hat uns in dieser Gewißheit nur noch bestärkt.

Doch die Himmelskörper laufen nicht mit der Präzision eines Uhrwerks. Der tiefere Einblick in jene Naturgesetze, die uns zu dieser Einschätzung geführt haben, lehrt uns heute, daß wir in einer Welt der ständigen Veränderung leben. Der Mond entfernt sich Kilometer für Kilometer von der Erde, die Sonne bläht sich immer weiter auf, und nur das menschliche Gedächtnis reicht nicht in die langen Zeiträume hinein, in denen sich dieser Wandel vollzieht.

Die moderne Naturwissenschaft ist auch Geschichtswissenschaft. Neben den Gesetzmäßigkeiten beobachten wir immer mehr Qualitäten der Natur, die nur in einem spezifischen raumzeitlichen Kontext zutage treten.

So sind die Asteroiden mancherorts im Laufe der Zeit zu größeren Planeten verschmolzen, in anderen Regionen des Sonnensystems schwirren sie dagegen in losen Verbänden herum. Der eine Planet recycelt sein Gestein in Magma- und Lavaströmen, der andere ist erstarrt. Auf der Venus oder dem Saturnmond Titan zirkulieren Staub und Gas in dichten Atmosphären, der Merkur oder die Jupitermonde haben keine solchen Lufthüllen.

Jeder Himmelskörper hat eine einzigartige Position und eine einzigartige Geschichte. Seine Entstehung ist das Ergebnis zahlloser gesetzmäßiger Transformationen und zufälliger Ereignisse. Sie durchdringen alle Ebenen seiner Entwicklung, ob es darum geht, wie lang ein Tag auf einem Planeten währt, welche Gesteine seine Kruste formen, wieviel Wasser er mit sich trägt, wie hoch die Temperaturen an der Oberfläche sind oder – ob er belebt ist.

Wir kennen bislang nur einen bewohnten Planeten: unsere Erde. Sie liegt wie eine Oase in der Wüste. Aber auch die Stoff- und Energiekreisläufe, die das Leben ausmachen, die Replikations- und Informationsaustauschprozesse, sind aller Voraussicht nach universeller Natur. Und je mehr sich unser Horizont weitet, desto häufiger dringen wir in kosmische Sphären vor, in denen ähnliche Oasen existieren oder existiert haben könnten wie in unserem Sonnensystem. Nur die Reichweite der Teleskope ist noch groß genug, diese vermeintlichen habitablen Zonen näher auszukundschaften, um tatsächlich Inseln des Lebens heranzuzoomen.

Wahrscheinlich gibt es auch anderswo belebte Welten. Sie sind jedoch unter anderen Bedingungen gestartet als die Erde, und das Leben hat alsdann einen von vielen Myriaden Wegen der Evolution eingeschlagen.

Es wäre erstaunlich, irgendwo einen Planeten zu finden, dessen Lufthülle dieselbe Zusammensetzung hätte wie die unserer Erde. Noch überraschender wäre es, wenn es woanders im Universum Bakterien gäbe, die sich als nahe kosmische Verwandte eines irdischen Mikroorganismus erweisen würden. Und es ist geradezu ausgeschlossen, daß sich ein Mensch irgendwann in einen Außerirdischen verliebt. Wir könnten womöglich nicht einmal mit außerirdischen Lebewesen kommunizieren, ist doch schon der Kontakt mit den meisten uns verwandten Lebewesen auf der Erde völlig fruchtlos. Haben Sie schon einmal zu einer gemeinen Stubenfliege gesprochen? Könnten Sie sich, andersherum, vorstellen, sich als Stubenfliege einer höheren Intelligenz zu erklären?

Letzteres scheitert bereits daran, daß wir uns nur schwer auszumalen vermögen, wie außerirdische Lebewesen aussehen könnten – obschon die Aliens in Filmen und Romanen herumgeistern. Insbesondere der Planet Mars hat die Phantasie vieler Science-Fiction-Autoren beflügelt.

Wenn sich in der direkten Nachbarschaft der Erde einmal Leben entwickelt haben sollte, dann vermutlich am ehesten auf dem Roten Planeten. Es gibt sogar Spekulationen darüber, daß Mikroben einst, in Meteoriten verschlossen, vom Mars zur Erde gelangt sein könnten.

An Zeugnissen der weit zurückliegenden Vergangenheit des Mars halten wir bislang allerdings nur einen einzigen Stein, einen 4,5 Milliarden Jahre alten Marsmeteoriten in den Händen. Und der trägt keine gut lesbare Inschrift.

Auf der Erde sind die ersten Mikrooganismen sehr früh entstanden. Und sie scheinen nicht gerade anspruchsvoll gewesen zu sein. Neben flüssigem Wasser und organischen Molekülen, die große Aggregate bilden konnten, benötigten sie wohl nur ein bißchen Zeit für eine einigermaßen ruhige Entwicklung.

Sie sind vor schätzungsweise vier Milliarden Jahren aufgetaucht. Vielleicht hat das Leben davor schon mehrere Anläufe genommen, sich zu verbreiten. Seit es sich einmal richtig entfaltet hat, ist es von unserem Globus jedenfalls kaum mehr wegzudenken, obwohl sich die Lebensbedingungen auf der Erde mehrfach drastisch gewandelt haben und massenhaft Lebewesen ausgestorben sind.

Im Anschluß an diese zum Teil sehr rätselhaften Perioden, die einige 100 000 oder sogar Millionen Jahre andauerten, haben sich die Temperaturen jedoch immer wieder in einem lebensfreundlichen Bereich eingependelt. Das Klima ist dann über lange Zeiträume hinweg so stabil geblieben, daß sich immer komplexere Organismen bilden konnten.

Entweder ist die Erde ein Planet, der zufällig genau die richtige Größe und chemische Zusammensetzung hat, exakt im rechten Abstand zur Sonne steht, einen Mond geeigneter Größe und vieles mehr besitzt, was diese verblüffende Konstanz der Temperatur ermöglicht hat. Dann wäre zumindest die Verbreitung komplexer Lebensformen im Universum äußerst unwahrscheinlich. Hier und da könnten wir zwar auf außerirdische Mikroorganismen treffen, aber nach fremden Zivilisationen würden wir in diesem Falle vergeblich Ausschau halten.

Doch es könnte auch ganz anders sein. Vielleicht ist höheres Leben im Universum weit verbreitet.

Denn wenn das Leben einmal erwacht ist, vermag es einem Planeten eine neue Gestalt zu geben. Nur weil es Mikroorganismen gab und gibt, besteht unsere Atmosphäre heute vorwiegend aus Stickstoff und Sauerstoff. Hätte die

Erde nicht unter ihrem Einfluß gestanden, dann wäre sie heute in eine Dunstglocke aus Kohlendioxid gehüllt, ähnlich wie unsere Nachbarplaneten Venus und Mars. Das Treibhausgas würde die Erde so stark erhitzen, daß allenfalls ein paar Feuerzwerge auf ihr überleben könnten, wenn überhaupt, aber sicherlich keine Menschen, Tiere und keine Pflanzen.

Es ist erstaunlich, wie sehr das Leben unseren Planeten geformt hat. Erst wenn wir diese überall auf der Erde sichtbare Kraft des Lebens besser verstehen, werden wir uns ein ungefähres Bild davon machen können, ob wir allein im Universum sind oder ob die großen Umwälzungen der Evolution nicht auch andere Himmelskörper im Kosmos erfaßt haben.

Die Wissenschaft wird die Welt weiter entzaubern. Aber mit jedem Wunder, das eine wissenschaftliche Erklärung erfährt, wird etwas anderes Unerklärliches am Horizont auftauchen.

Die vier größten Monde des Jupiter: Kallisto und Ganymed, darunter Europa und Io.

38. Vulkanische und aquatische Planeten

Ich habe nun etwa 60 Monde des Jupiter gesehen, und nicht einer ist dem anderen ähnlich.

Der magnetische Ganymed, dessen Ausmaße beinahe an die des Planeten Mars heranreichen, hielt mich lange fest. Von dort gelangte ich zur eisigen Kallisto, die ganz aus grauem, glitzerndem Schnee geformt ist. Ich aber sehnte mich nach Wärme, warf aus der Ferne noch einen Blick auf die rötliche Amalthea und gelangte schließlich zu Io, dem Höllenmond.

Bevor ich nun von dem Jupitermond Io erzähle, möchte ich erst einmal die dunklen Rauchschwaden über seinen Vulkanen wegblasen. Auf Io ragen keine qualmenden schwarzgrauen und tiefbraunen Kegel empor, keine aschebedeckten Feuerberge, deren Kraterwände nach einer Seite hin aufbrechen und deren Lavazungen die Hänge hinab zum Strand rollen, wo sie am Meerwasser lecken und ihren brennenden Durst löschen. Auf Io ist nicht einmal jener vulkanische Tremor zu hören, der als Dauerton aus der Tiefe des Hades aufsteigt und, von dampfenden Ausstößen begleitet, das Erdreich in leises Zittern versetzt.

Wenn ich nun statt dessen einen Mond beschreibe, der schon von weitem in gelben und roten, in weißen und grünen Farbtönen schillert, wird kaum jemand an Vulkane denken, wie sie heftiger nirgends sonst im Sonnensystem tosen. Aber Vulkane sind der Ursprung dieser ioischen Farbenpracht.

Der Jupitermond ist über und über mit hellem vulkanischen Schnee bedeckt. Alle Gase, die aus den Schloten von Ios Vulkanen aufsteigen, gefrieren sofort und fallen als harter oder wachsweicher Schnee aus schwefligen Kristallen auf die Mondoberfläche nieder.

Bei einer plötzlichen Ankunft auf Io könnte man sich in eine irdische Winterlandschaft versetzt fühlen. Doch wem hier die Nase bei minus 160 Grad Kälte erstarrt, der muß im nächsten Moment fürchten, daß ihm die Füße in 2000 Grad heißer Lava verglühen.

Der Mond kocht, auch wenn er ein Winterkleid trägt. Er hat es sich übergezogen, weil er seit Äonen durch den eiskalten Weltraum streift. Er fährt, wie alle anderen Jupitermonde, fernab der Sonnenstrahlen durch den kosmischen Permafrost, der in alle Poren seiner Haut eindringt.

Der Mond indessen trotzt der völligen Erstarrung. Er gestaltet sich, im Gegenteil, ständig um. Ungeachtet der harschen Umgebung erscheint Io wie frisch gebacken.

Als ich gegen Ende meiner Jupiterreise ein zweites Mal zu Io zurückkehrte, erkannte ich die Landschaft kaum wieder. Wo zuvor der Vulkan Pele regiert hatte, setzte sich nun mit Pillan Patera ein neuer imposanter Vulkan in Szene und bedeckte die Täler mit rotem Schwefel. Seine Eruptionswolken stiegen Hunderte Kilometer hoch auf.

Beeindruckt von dem neuen Farbenspiel näherte ich mich dem Mond diesmal noch mehr als bei meinem ersten Besuch. Ich zählte über 150 aktive Vulkane auf seiner Oberfläche, sah leuchtende, schwelende Kessel und brennende Lavaströme, schaute in dunkle unterirdische Kammern hinab, aus denen alles Magma ausgetreten war und die daraufhin in sich zusammengefallen waren.

Schließlich erkannte ich auf dem Höllengrund des Mondes Jupiter selbst am Werk. Mit seinen enormen Anziehungskräften hob er Ios innen glühende, außen eisbedeckte Hülle an. Er riß die gesamte Mondoberfläche viele hundert Meter in die Höhe und ließ sie erst dann wieder fallen.

Eine gigantische Welle lief um den ganzen Mond. Nach längerem Warten kehrte sie zurück, so wie Ebbe und Flut, die Gezeiten auf unserer Erde, kommen und gehen, sich jedoch in Maßen halten, weil wir im Erdenmond nur einen kleinen Begleiter haben.

Io hingegen hat den riesigen Jupiter zur Seite, dessen Hände nach ihr greifen. Jupiter knetet den Mond bis zur Weißglut durch und facht auf diese Weise immer neue Vulkane an. Der Mond, von Hitze erweicht, kehrt sein Innerstes nach außen, spuckt brodelnde Lava, heißer als aus jedem Vulkan der Erde, über die eben erst gefrorenen Hügel und Täler.

Io ist dem Jupiter von allen großen Monden am nächsten. Doch von hier ist es nur ein kleiner Sprung zum Nachbargestirn Europa.

Kehrt man nun Io den Rücken und wendet sich Europa zu, so schaut man verwundert über kristallene Ebenen. Der Mond hat eine ähnliche Größe wie Io oder unser Erdenmond, bietet aber einen völlig anderen Anblick.

Europa kreist etwas sicherer in größerem Abstand um Jupiter und wird von diesem nicht allzusehr bedrängt. Der Mond ist von einer dicken Schicht aus gefrorenem Wasser überzogen, das wie Packeis auf dem kalten Himmelskörper liegt. Große Eisblöcke und Schollen haben sich ineinander verkeilt und übereinandergeschoben. Lange Risse und Rücken bezeugen, daß die ansonsten glatte Oberfläche mehrfach auseinandergebrochen ist und sich neu geformt hat.

Nach Vulkanen habe ich auf Europa vergeblich gesucht. Sie brodeln allenfalls unter dem Eispanzer. Heiße unterirdische Ströme könnten in der Vergangenheit immer wieder frisches Eis nach oben gebracht und die Decke an einigen Stellen aufgeschmolzen haben.

Tief unter der Oberfläche ist Europa noch heute warm. Das Packeis schwimmt offenbar auf einem Meer, das den ganzen Mond umspannt und dessen Quellen seit Jahrmillionen sprudeln. Unter Europas Eiskruste liegt der wohl größte zusammenhängende Ozean im ganzen Sonnensystem.

Die Vorstellung von einem aquatischen Reich unter dem Eis hat einen seltsamen Charme. Gibt es Lebewesen in diesen dunklen Gewässern, so wie es auch auf der Erde unter dem Packeis der Polargebiete von Organismen wimmelt? Ja, man fragt sich, ob die Wasserwelt Europas nicht von kleinen Nymphen bewohnt ist und Ios Feuerwelt von Feuerzwergen. Für wen sollten diese Reiche sonst errichtet worden sein?

Oder sind sie vielleicht nur geschaffen worden, um einem Reisenden wie mir einen Eindruck von der Vielgestalt der Himmelskörper im Universum zu geben, ihm vor Augen zu führen, daß sich die Erde in den Weiten des Alls wie ein winziges Staubkorn ausnimmt? Sind sie ein Ausdruck dafür, daß das Jenseits anders ist?

Kapitel XI
Irritationen

Die Sichel des Planeten Jupiter: Außerhalb unseres Sonnensystems haben Forscher inzwischen Planeten entdeckt, die genauso groß sind wie Jupiter, aber viel heißer.

39. Verbotene Nähe

Wer mit einem Teleskop zum Nachthimmel schaut, der kann überall kleine Pünktchen finden. Und wenn er eines dieser Pünktchen ein bißchen näher heranholt, so sieht er einen Stern, blank und glänzend wie unsere Sonne, aber kleiner als ein Stecknadelkopf in zehn Metern Entfernung.

Der Blick schärft sich. In zehn Jahren ist der Lichtpunkt vielleicht schon so groß wie eine Linse, dann wie ein Knopf, wie eine Euro-Münze, und schließlich wird er zu einem Sonnensystem mit großen und kleinen Planeten, mit Monden und Kometen.

Michel Mayor und sein Doktorand Didier Queloz sahen überall nur Pünktchen. Aber aus einem Sternenkatalog stellten sie eine Liste zusammen, um einige von ihnen im Auge zu behalten und sie alle zwei Monate anzuschauen.

Michel Mayor war gerade auf einer Tagung in Hawaii, als Didier Queloz etwas Ungewöhnliches auf den Bildern bemerkte, die der Teleskopspiegel zurückwarf. Der Stern 51 Pegasi, ein »Unterriese« laut Katalog, führte einen seltsamen Tanz auf. Queloz konnte nicht sehen, warum, aber der Stern gebärdete sich so, als ob er einen unsichtbaren Begleiter hätte. Er wackelte immer im gleichen Takt hin und her, als sei er der Anziehungskraft eines Riesenplaneten erlegen: eines Planeten von der Größe unseres Jupiter.

Queloz benachrichtigte seinen Meister. Noch nie zuvor hatten Astronomen einen Planeten in einem anderen Sonnensystem entdeckt, obwohl sie mit viel besseren Fernrohren danach gesucht hatten als mit jenem, das Mayor und Queloz zur Verfügung stand. Ihre Apparatur im Süden Frankreichs war neu, aber keineswegs das Nonplusultra. Und was die beiden Wissenschaftler an dem Rhythmus von

51 Pegasi zu erkennen glaubten, kam ihnen höchst unwirklich vor.

Dieser Planet dort draußen, wenn es denn einer war, drehte sich nicht alle 365 Tage einmal in gesichertem Abstand um seine Sonne, wie unsere Erde das tut, und schon gar nicht so gemächlich wie unser Jupiter, der zwölf Jahre für eine Umrundung benötigt. Nein, er kreiste innerhalb von nur vier Tagen auf engster Bahn um seinen Mutterstern. So nah am Stern mußte es brütend heiß sein. Mayor und Queloz wußten, daß ein derart heißer Riesenplanet nach gängigen Vorstellungen gar nicht existieren konnte.

Den ersten Aufnahmen des Sterns 51 Pegasi folgten Monate des Zweifelns. Sie dachten, sie wären einer optischen Täuschung aufgesessen, irgendeiner bizarren Spiegelung. Und ihre Bedenken wurden noch größer, als sie hörten, was der angesehene Astrophysiker Alan Boss zu solchen Erscheinungen zu sagen hatte.

Im Februar 1995 prophezeite Boss allen Forschern in einer ausführlichen Abhandlung, daß sie noch lange warten müßten, ehe sie mit Methoden, wie sie auch Mayor und Queloz verwendeten, Planeten außerhalb unseres Sonnensystems finden würden. Selbst Kandidaten von den Ausmaßen des Jupiters würden sie in den nächsten Jahren nicht entdecken können.

Man müsse sich doch nur einmal vorstellen, Außerirdische wollten unseren Jupiter aus weiter Ferne wahrnehmen. Jupiter macht einen so weiten Bogen um die Sonne, daß diese seine Schwerkraft kaum spürt. Sie taumelt ein ganz klein wenig im langsamen Rhythmus von zwölf Jahren hin und her. Mehr als ein Jahrzehnt müßten die Außerirdischen die Sonne also ins Auge fassen, ehe sie auf Jupiters Existenz schließen könnten – es sei denn, sie hätten viel viel bessere Teleskope als wir.

Boss meinte des weiteren, nachweisen zu können, daß unser Planetensystem repräsentativ für das ganze Universum ist. Wenn es sonstwo im All Riesenplaneten wie unseren Jupiter gab, dann sollten auch sie weitab von ihrem Stern in einer kühlen Zone entstanden sein. Denn jeder Riesenplanet brauche viel Raum, Staub und Gas, um zu seiner vollen Größe heranwachsen zu können. Diese Rohstoffe seien aber nur in den Außenregionen eines Planetensystems in ausreichenden Mengen vorhanden, auf jeden Fall jenseits der Schnee- und Eisgrenze, dort, wo Wasser und Kohlendioxid, Ammoniak und Methan zu Myriaden Eiskristallen erstarren. In der Nähe des Sterns jedenfalls sei es zu heiß und kein Platz für Riesenplaneten.

Die Argumente, die Boss mit der ihm zukommenden Autorität vorbrachte, schienen Mayor und Queloz hieb- und stichfest zu sein. Nur ihr mutmaßlicher Planet scherte sich nicht um die Ansichten der Wissenschaft. Der garstige Riese zerrte weiter an dem Stern 51 Pegasi, blieb ganz dicht bei ihm und raubte Mayor und Queloz den nächtlichen Schlaf. Konnte ein solcher Riese, der vielleicht 300mal massereicher war als unsere Erde, so nah an seinem Mutterstern, auf derart engem Raum und in derartiger Hitze groß geworden sein?

Die beiden Schweizer Astronomen erzählten vorerst niemandem von dem sonderbaren Planeten. Statt dessen überprüften sie ihre Apparatur namens »Elodie«, von der Mayor noch Jahre später mit einer väterlichen Zärtlichkeit sprechen sollte, in allen Einzelheiten.

Nacht für Nacht, Bildpunkt für Bildpunkt, hatten sie das Gerät im Laufe des zurückliegenden Jahres verbessert. Ein Teleskopspiegel sammelte das Licht des anvisierten Sterns und leitete es per Glasfaser zu dem Automaten. »Elodie« fächerte das Sternenlicht weit auf und verglich das breite Spektrum mit dem Licht einer dafür geeigneten Lampe. An der Verschiebung der beiden elektronisch bearbeiteten Lichtmuster konnten die Forscher anschließend ablesen, ob der Stern ruhte oder ob er sich bewegte.

Mayor und Queloz stellten ihre gesamten Messungen wieder in Frage. Sie trauten der Apparatur nicht mehr, ihrer

»Elodie«, die sehr empfindlich auf Temperatur- und Druckschwankungen reagierte. Das Instrument war dünnhäutig, leicht reizbar und nachtragend, sie aber waren nun ängstlich und noch gewissenhafter und wollten den Stern 51 Pegasi damit über Wochen, Monate hinweg akkurat beobachten.

Während die beiden sich noch einmal mit dem Gerät zu schaffen machten, verschwand 51 Pegasi in den Taghimmel. Er tauchte erst im Sommer wieder am nächtlichen Firmament auf. In der Zwischenzeit diskutierten Mayor und Queloz viel über »Elodie« und darüber, ob die taktvolle Bewegung des Sterns nicht auch andere Ursachen haben könnte. Vielleicht pulsierte der Stern und blähte sich wie einige seiner Verwandten periodisch auf; vielleicht rotierten dunkle Gebiete, ähnlich unseren Sonnenflecken, auf seiner Oberfläche, und diese Flunkerei hatte sie in die Irre geleitet.

Als sie 51 Pegasi im Juli 1995 erneut ins Visier nahmen, mußten sie all diese Erklärungsversuche wieder über Bord werfen. Ihre vorherigen Messungen bestätigten sich auf bestechende Weise und ließen nur eine Deutung zu: Der Stern hatte einen Kompagnon, der keinem der uns bekannten Planeten ähnlich war.

Die Unsicherheit aber blieb. Michel Mayor wußte, daß vor ihnen bereits etliche erfahrene Wissenschaftler mit ähnlich kühnen Ankündigungen aufgeflogen waren. Er konnte sich nicht dazu durchringen, mit diesem neuen Planeten an die Öffentlichkeit zu gehen, ohne vorher den Rat einiger Kollegen eingeholt zu haben.

Zunächst suchte er einen befreundeten Astrophysiker in den USA auf, einen seiner ehemaligen Studenten, der die geheime Nachricht für sich behalten würde. Die Zweifel konnte ihm jedoch auch Willy Benz nicht nehmen. Im Gegenteil, ihn verwirrte der hitzige Jupiter noch mehr.

Über Benz kam nun der Kontakt zu einem Spezialisten für derart heiße Fragen zustande. Die Berührungsängste blieben groß, denn Michel Mayor wollte auf keinen Fall zu viel verraten. Er war sich der Gefahr bewußt, daß andere ihre Teleskope auf 51 Pegasi richten und ihm mit der Bekanntgabe zuvorkommen könnten. Aber er mußte sich für die bevorstehenden Gefechte rüsten. Die Fachwelt würde ihn mit Fragen und Gegenargumenten überschütten, wenn er die Entdeckung erst öffentlich machen würde.

Es begann eine umständliche Kommunikation, aber immerhin bekamen Mayor und Queloz eine gewisse Rückendeckung von seiten der Theorie. Es gab zwar immer noch keine Erklärung dafür, wie der heiße Riesenplanet entstanden sein könnte, aber wenigstens auch keine grundsätzlichen Einwände dagegen, daß sich der Planet so nah am Stern aufhielt. Weder konnte ihn die sengende Hitze in Null Komma Nichts verzehren, noch mußte er unweigerlich auf den Stern 51 Pegasi stürzen.

Michel Mayor und Didier Queloz hatten lange mit ihren Zweifeln gekämpft. Jetzt wagten sie den Schritt an die Öffentlichkeit. Am 6. Oktober 1995 gaben sie die Entdeckung des ersten extrasolaren Planeten in Florenz bekannt, die Entdeckung eines heißen Jupiter in einer fernen Welt, die ganz anders zu sein schien als die bis dahin einzige uns vertraute.

Die Weite des Raumes: Ferne Galaxien, aufgenommen mit dem Weltraumteleskop »Hubble«.

40. Neue Welten

Wissenschaft wird nicht nur von neuen gedanklichen Konzepten vorangetrieben, sondern auch – und nach Ansicht des Historikers Peter Galison vor allem – von technischen Entwicklungen. Bessere Teleskope eröffnen den Blick auf bis dato unerkannt gebliebene Himmelskörper, auf Asteroiden, Monde und Kometen.

Die Apparate sind freilich nicht unabhängig von den gängigen Theorien. Hinter ihrem Bau steckt eine Idee, zum Beispiel die Vorstellung, mit dem Gerät Planeten in anderen Sonnensystemen nachweisen zu können. Die Maschine wird in einem solchen Falle derart entworfen, daß sie solche Planeten möglichst gut erkennen kann. Dazu wiederum muß man Überlegungen anstellen und Annahmen formulieren, welcher Art die zu entdeckenden Planeten sein werden. Theorie und Experiment beflügeln sich gegenseitig – und stehen sich genauso oft im Wege.

Geoffrey Marcy und Paul Butler hatten 1995 das beste Beobachtungsgerät, das es bis dato zur Entdeckung neuer Planeten gab. Und sie hatten bereits etliche Aufnahmen gemacht, anhand derer sie die Planeten mühelos hätten auffinden können. Ihr Computer steckte voller Bilder von fremden Welten. Aber sie saßen wie zwei Blinde vor der Apparatur, denn sie hatten falsche Erwartungen.

Sie glaubten, daß noch viel Zeit vergehen würde, ehe sich die Konturen eines Planeten auf ihrem Computermonitor abzeichnete. Denn sie suchten nach einem Planeten von Jupiters Format, und der würde für einen Umlauf um seinen Stern sicherlich etliche Jahre benötigen. Da sich die Veränderungen in den Bildern also erst langfristig zeigen würden, ließen sie sich im sonnigen Kalifornien mit der Auswertung der Ergebnisse viel Zeit.

Allzu schnell konnten sie ohnehin nicht vorgehen. Die stete Verbesserung ihrer Ausrüstung hatte einigen Tribut gefordert. Das Computerprogramm war inzwischen so überladen, daß der Rechner nur noch langsam von der Stelle kam.

Im Oktober 1995 hörten die beiden Amerikaner von der Entdeckung des ersten fernen Planeten in der Nähe des Sterns 51 Pegasi. Es war nicht die erste Meldung dieser Art, und sie konnten sich ein spöttisches Lachen nicht verkneifen. Was immer Michel Mayor und Didier Queloz auch gemessen haben mochten, ein Planet war es vermutlich nicht.

Trotzdem schauten sie sich den Stern 51 Pegasi vom Lick-Observatorium aus an. Sie dachten, der »Schlamperei« ihrer Kollegen schnell auf die Schliche kommen zu können. Mayor und Queloz hatten die Umlaufperiode des Planeten mit vier Tagen angegeben. Es erforderte nicht viel Zeit, den Wahrheitsgehalt der Sensationsmeldung zu überprüfen.

Die folgenden vier Nächte öffneten Marcy und Butler die Augen: Den Planeten gab es wirklich. Und nicht sie, sondern andere hatten ihn gefunden, mit einem Meßgerät, das nicht einmal halb so gut war wie ihr eigenes Instrument.

Acht Jahre lang hatten Marcy und Butler an ihrem Spektrographen herumgebastelt. Sie waren schlecht gestartet und hatten sich erst nach mehreren Zwischenspurts an die Spitze der Forschung herangearbeitet. Inzwischen war die Präzision des Automaten unübertroffen. Und doch war man ihnen zuvorgekommen.

Die Enttäuschung war zunächst groß, und doch war die Entdeckung wie eine Befreiung für sie und gab ihrer Planetensuche einen ungeahnten Schwung. Noch im selben Jahr fischten Marcy und Butler aus den bereits vorhandenen Daten zwei weitere Planeten heraus. Einer von ihnen fügt sich recht gut in das Bild, das Astronomen von unserem eigenen Sonnensystem gewonnen haben. Der zweite dagegen ist ein wahrer Gigant.

Dieser Planet schleppt eine Masse von mehr als 2000 Erdkugeln mit sich herum – rund siebenmal so viel wie Jupiter. Seine exzentrische Bahn führt ihn alle vier Monate nah an seinen Mutterstern 70 Virginis heran und dann wieder weit nach draußen, gerade so, wie es die Astronomen von einigen Kleinplaneten in unserem Sonnensystem kennen.

Marcy und Butler konnten mit ihrem Detektor zwar keine erdähnlichen Planeten erkennen. Aber sie drangen immer tiefer ins Reich der Riesenplaneten vor und erlebten eine Überraschung nach der anderen. Waren es zunächst nur Sterne mit einem Begleiter, so stießen sie 1999 erstmals auf ein Sonnensystem, in dem sich mindestens drei Riesenplaneten tummeln. Der innere läuft in vier Tagen, der äußere in vier Jahren um die Sonne Ypsilon Andromedae.

Die drei mächtigen Planeten liegen, gemessen an hiesigen Verhältnissen, sehr dicht beisammen. Vieles deutet darauf hin, daß sie in größerem Abstand vom Stern Ypsilon Andromedae entstanden und bereits in frühester Kindheit auf Wanderschaft gegangen sind. Sie dürften seither keine Ruhe gefunden haben, denn die wechselseitigen Gezeitenkräfte schieben sie wahrscheinlich unablässig hin und her. Es könnte sein, daß einer von ihnen irgendwann aus dem Sonnensystem ausgestoßen wird oder auf den Stern Ypsilon Andromedae stürzt und mit ihm verschmilzt.

Der Riesenplanet, den Mayor und Queloz als Trabanten des Sterns 51 Pegasi ausfindig machten, ist ebenfalls nicht dort geboren, wo wir ihn heute sehen. Und zur selben Zeit, als sie ihn entdeckten, errechneten Renu Malhotra und andere Forscher, daß wohl auch die Planeten in unserem eigenen Sonnensystem im Laufe der Zeit gewandert sind: Pluto und Neptun, aber auch Uranus und Saturn.

Inzwischen tauchen Monat für Monat neue Planeten am Horizont auf, aber immer noch können Forscher wie Geoffrey Marcy und Paul Butler vorerst nur sehr große Begleiter der Sterne nachweisen. Die Planeten kreisen in fernen Räumen und entstammen anderen Zeitaltern. Den ältesten von ihnen entdeckten Steinn Sigurdsson und seine Kollegen von der Pennsylvania State University im Sommer 2003 mit Hilfe des Weltraumteleskops »Hubble« im Sternbild Skorpion. Der Planet ist 12,7 Milliarden Jahre alt. Er ist damit lediglich eine Milliarde Jahre jünger als das Universum selbst und verrät uns, daß Planeten fast seit Anbeginn der Zeit existieren.

Der »Methusalem-Planet« und seine Nachfahren ziehen immer mehr junge Wissenschaftlerinnen und Wissenschaftler in ihren Bann. Sie bringen ihre eigenen Ideen für Meßgeräte, Analysemethoden und Computerprogramme in die Planetenforschung und Astrophysik ein, um bald auch kleinere Planeten außerhalb unseres Sonnensystems zu entdecken. Ihre Suche nach einer zweiten Erde, einem belebten Planeten, der sich irgendwo um eine Sonne dreht, hat gerade erst begonnen. Vor ihnen liegt ein ganzes Universum.

Weiterführende Literatur

Bergreen, Lawrence, Voyage to Mars – NASA's search for life beyond Earth, Riverhead Books 2000

Böhme, Gernot (Hrsg.), Klassiker der Naturphilosopie – Von den Vorsokratikern bis zur Kopenhagener Schule, C.H. Beck Verlag 1989

Brandt, John C. und Chapman, Robert D., Rendezvous im Weltraum – Die Erforschung der Kometen, Birkhäuser Verlag 1994

Broecker, Wallace S., Labor Erde – Bausteine für einen lebensfreundlichen Planeten, Springer-Verlag 1994

Bührke, Thomas, Sternstunden der Astronomie – Von Kopernikus bis Oppenheimer, C.H. Beck Verlag 2001

Calder, Nigel, Jenseits von Halley, Springer-Verlag 1994

Croswell Ken, Die Jagd nach neuen Planeten – Die Suche nach fernen Sonnensystemen und fremdem Leben, Scherz Verlag 1997

Daston, Lorraine und Park, Katharine, Wunder und die Ordnung der Natur, Eichborn Verlag 2002

Davies, John, Beyond Pluto – Exploring the outer limits of the solar system, Cambridge University Press 2001

Davies, Paul, The 5th miracle – The search for the origin and meaning of life, Touchstone 2000

Di Trocchio, Federico, Newtons Koffer – Querdenker und ihre Umwege in die Wissenschaft, Rowohlt Taschenbuch Verlag 2001

Dyson, Freeman J., Die Sonne, das Genom und das Internet – Wissenschaftliche Innovation und die Technologien der Zukunft, S. Fischer Verlag 2000

Engelhardt, Wolfgang, Enzyklopädie Raumfahrt, Verlag Harri Deutsch 2001

Fahr, Jans J. und Willerding, Eugen A., Die Entstehung von Sonnensystemen – Eine Einführung in das Problem der Planetenentstehung, Spektrum Akademischer Verlag 1998

Fortey, Richard, Leben: eine Biographie – Die ersten vier Milliarden Jahre, C. H. Beck 1999

Froböse, Rolf, Der Halleysche Komet, Verlag Harri Deutsch 1985

Gehrels, Tom (Hrsg), Hazards due to comets and asteroids, The University of Arizona Press 1994

Gehrels, Tom, On the glassy sea: An astronomer's journey, American Institute of Physics 1988

Goldsmith, Donald, Die Jagd nach Leben auf dem Mars, Scherz Verlag 1996

Graedel, Thomas E. und Crutzen, Paul J., Atmosphäre im Wandel – Die empfindliche Lufthülle unseres Planeten, Spektrum Akademischer Verlag 1996

Hamel, Jürgen, Astronomiegeschichte in Quelltexten – Von Hesiod bis Hubble, Spektrum Akademischer Verlag 1996

Heidmann, Jean, Bioastronomie – Über irdisches Leben und außerirdische Intelligenz, Springer-Verlag 1994

Kauffman, Stuart, Der Öltropfen im Wasser – Chaos, Komplexität, Selbstorganisation in Natur und Gesellschaft, Piper 1996

Koyré, Alexandre, Leonardo, Galilei, Pascal – Die Anfänge der neuzeitlichen Naturwissenschaft, Fischer 1998

Kreuzer, Helmut (Hrsg.), Die zwei Kulturen – Literarische und naturwissenschaftliche Intelligenz – C. P. Snows These in der Diskussion, Klett-Cotta im Deutschen Taschenbuch Verlag 1987

Küppers, Bernd-Olaf (Hrsg.), Leben = Physik + Chemie? – Das Lebendige aus der Sicht bedeutender Physiker, Serie Piper 1987

Küssner, Martha, Carl Friedrich Gauß und seine Welt der Bücher, Musterschmidt Göttingen, 1976

Lemcke, Mechthild, Johannes Kepler, Rowohlt Taschenbuch Verlag 1995

Lemonick, Michael, Neue Welten im All – Lebenszeichen von fernen Planeten, Wilhelm Heyne Verlag 1998

Levy, David H., The quest for comets – The thrilling story of comets and their discovery, Oxford University Press 1995

Levy, David H., Shoemaker by Levy – The man who made an impact, Princeton University Press 2000

Lewis, John S., Bomben aus dem All – Die kosmische Bedrohung, Birkhäuser-Verlag 1997

Lewis, John S., Worlds without end – The exploration of planets known and unknown, Perseus Books 1998

Lorenzen, Dirk H., Raumsonde Galileo – Aufbruch zum Jupiter, Franckh-Kosmos Verlags-GmbH 1998

Lovelock, James, Das Gaia-Prinzip – Die Biographie unseres Planeten, Artemis & Winkler 1991

Maturana, Humberto und Varela, Francisco, Der Baum der Erkenntnis – Die biologischen Wurzeln menschlichen Erkennens, Goldmann Verlag 1987

McSween, Harry Y, Stardust to planets – A geological tour of the universe, St. Martin's Griffin 1993

McSween, Harry Y, Meteorites and their parent bodies, Cambridge University Press 1999

Morrison, David, Planetenwelten – Eine Entdeckungsreise durch das Sonnensystem, Spektrum Akademischer Verlag 1995

Norton, Richard O., Rocks from space, Mountain Press Publishing Company 1998

Ostwalds Klassiker, C.F. Gauß – Mathematisches Tagebuch 1796–1814, Akademische Verlagsgesellschaft Geest & Portig 1976

Ostwalds Klassiker, Ernst F.F. Chladni – Über den kosmischen Ursprung der Meteorite und Feuerkugeln, Verlagsgesellschaft Geest & Portig 1971

Panek, Richard, Das Auge Gottes – Das Teleskop und die lange Entdeckung der Unendlichkeit, Klett-Cotta 2001

Peebles, Curtis, Asteroids – A History, Smithsonian Institution 2000

Peterson, Ivars, Was Newton nicht wußte – Chaos im Sonnensystem, Birkhäuser-Verlag 1994

Prigogine, Ilya und Stengers, Isabelle, Dialog mit der Natur – Neue Wege wissenschaftlichen Denkens, Büchergilde Gutenberg 1987

Reichstein, Manfred, Kometen – Kosmische Vagabunden, Verlag Harri Deutsch 1985

Rétyi, Andreas von und Aumann, Georg, Meteorite – Boten aus dem Weltall, Naturkunde-Museum Coburg 1996

Sagan, Carl und Druyan, Ann, Der Komet, Droemer Knaur, 1985

Schlüter, Jochen, Steine des Himmels – Meteorite, Ellert & Richter Verlag 1996

Schneider, Ivo, Isaac Newton, C. H. Beck Verlag 1998

Schneider, Reto U., Planetenjäger – Die aufregende Entdeckung fremder Welten, Birkhäuser-Verlag 1997

Sobel, Dava, Galileos Tochter – Eine Geschichte von der Wissenschaft, den Sternen und der Liebe, Berlin Verlag 1999

Standage, Tom, Die Akte Neptun – Die abenteuerliche Geschichte der Entdeckung des 8. Planeten, Campus Verlag 2001

Thomas, Paul J. und Chyba, Christopher F. sowie McKay, Christopher P., Comets and the Origin and Evolution of Life, Springer-Verlag New York 1997

Walker, Gabrielle, Schneeball Erde – Die Geschichte der globalen Katastrophe, die zur Entstehung unserer Artenvielfalt führte, Berlin Verlag 2003

Ward, Peter D. und Brownlee, Donald, Unsere einsame Erde – Warum komplexes Leben im Universum unwahrscheinlich ist, Springer-Verlag 2001

Weizsäcker, Carl Friedrich von, Große Physiker – Von Aristoteles bis Werner Heisenberg, Deutscher Taschenbuch Verlag 2002

Zanda, Brigitte und Rotaru, Monica, Meteorites – Their Impact on Science and History, Cambridge University Press 2001

Bildnachweise

Der Verlag Klett-Cotta und der Autor danken dem *Deutschen Zentrum für Luft- und Raumfahrt*, Berlin, für die großzügig erteilte Abdruckgenehmigung der meisten Abbildungen, die in diesem Buch enthalten sind. Unserer ganz besonderer Dank gilt Marianne Weiland und Susanne Pieth für die unermüdliche Hilfe bei der Auswahl der Bilder.

Im einzelnen handelt es sich um folgende Abbildungen: S. 8 © Stephen Paul Meszaros und NASA/JPL – S. 12, 140, 148f., 196 ©DLR – S. 28 © Jeff Hesters und Paul Scowen (Arizona State University) und NASA – S. 34 © William Hartmann »The New Solar System«, – S. 40, 44, 50, 96, 202 © NASA/RPIF/DLR – S. 56, 62, 68, 102,124, 130, 172, 216, 222, 228 © NASA/JPL/RPIF/DLR – S. 74 © Jeff Bytof und Alan Chamberlin, JPL – S. 86 © NASA/JHUAPL/RPIF/DLR – S. 108 © Allan Treiman, LPI – S. 118 © NASA/JPL/MSSS/RPIF/DLR – S. 136 © NASA/MOLA Science Team – S. 154f. © NASA/Dan Durdan (SwRI) – S. 160 © NASA und G. Bacon (Space Telescope Science Institute) – S. 176 © H.A. Weaver, T.E. Smith (Space Telescope Science Institute) und J.T. Trauger, R.W. Evans (Jet Propulsion Laboratory) und NASA – S. 188 © Stephen Paul Meszaros und NASA/JPL – S. 208 © Eckhard Slawi, München, 1997 – S. 234 © Alan Dressier (Carnegie Institution) und NASA.

Ebenso möchten Verlag und Autor dem *Museum für Naturkunde*, Berlin, und Herrn Dr. Ansgar Greshake danken – für die Auswahl von Abbildungen aus dem Museumsbestand und die freundliche Genehmigung zum Abdruck der folgenden Abbildungen: Seite 16, 80, 90 © Naturkundemuseum, Berlin.

Danksagung

Für inhaltliche Anregungen, für die Durchsicht des Manuskripts, die Auswahl der Bilder und die Unterstützung bei der Recherche danke ich insbesondere Herrn Dr. Ansgar Greshake vom Berliner Naturkundemuseum, Herrn Professor Elmar K. Jessberger von der Universität Münster, Frau Dr. Anneliese Schnell von der Universitätssternwarte Wien, Herrn Professor Joachim Wambsganss von der Universität Potsdam, Herrn Professor Heinrich Wänke vom Max-Planck-Institut für Chemie in Mainz, Frau Catherine Watson von der amerikanischen Weltraumbehörde NASA in Houston und Frau Marianne Weiland sowie Susanne Pieth vom Deutschen Zentrum für Luft- und Raumfahrt in Berlin.

Ein besonders herzlicher Dank für ihre Geduld, ihre aufmerksame Lektüre und ihr verläßliches Urteil gilt meinem Lektor Dr. Johannes Czaja, meinem ehemaligen Tagesspiegel-Kollegen Dr. Paul Stoop, meiner Schwester Maria de Padova und allen voran meiner Frau Anne Burckhardt de Padova.

Richard Panek:

Das Auge Gottes

Das Teleskop und die lange Entdeckung der Unendlichkeit

Aus dem Amerikanischen von Dietmar Zimmer
197 Seiten, gebunden, ISBN 3-608-94272-6

Mit Hilfe des Fernrohrs gelingt es das Weltall zu entdecken, wie es wirklich beschaffen ist. Ein jahrhundertealtes, geschlossenes Weltbild versinkt im Nichts. Die Astronomen beginnen die Odyssee der modernen Wissenschaft und wagen sich bis an das Ende der Welt und darüber hinaus in die Unendlichkeit des Alls. Der Mensch nimmt sein Geschick in die Hand. Sein Instrument ist das Teleskop: das Auge Gottes.

»Panek schafft es, die Geschichte und die Rätsel der Astronomie fesselnd zu erklären.«
Süddeutsche Zeitung

Étienne Klein / Marc Lachièze-Rey:

Die Entwirrung des Universums

Physiker auf der Suche nach der Weltformel

Aus dem Französischen von Friedrich Griese
233 Seiten, gebunden, ISBN 3-608-91905-8

Die Vorstellung, daß die Vielfalt des Wirklichen durch eine ihr zugrundeliegende Einheit erklärt werden könnte, ist so alt wie das Denken selbst. Die großen Mythen erzählen davon, und die ersten Philosophen schärften ihr Denken daran. Die moderne Wissenschaft schreibt diesen Plan fort, indem sie z. B. die Begriffe Materie und Bewegung in Einklang zu bringen sucht. Fehlen uns nur noch ein paar Gleichungen zu einer vollständigen Erklärung des Universums? Können wir die Vielfalt naturwissenschaftlicher Theorieansätze durch eine einheitliche Theorie ersetzen? Étienne Klein und Marc Lachièze-Rey legen in diesem Buch die Voraussetzungen und den Sinn der Suche nach der »Weltformel« offen.

Klett-Cotta